DELIUS KLASING

BEWEGTE ZEITEN

Peter Kurze • Halwart Schrader

Luxuswagen der Fünfzigerjahre

Komfort und Klasse

Delius Klasing Verlag

Folgende Bände der Reihe sind bereits im Delius Klasing Verlag erschienen:

Borgward Isabella
Citroën 2 CV: Die Ente
Citroën DS
DKW-Meisterklasse
Ford Taunus 17 M
Goggomobil
Karmann Ghia
Kleinwagen der Fünfzigerjahre
Lloyd – der Wagen für Dich
Mercedes 190–300 SE
Mercedes-Benz/8
NSU Prinz
Opel Ascona
Opel Rekord
Porsche 356
Trabant
Unimog
VW-Bulli
VW-Käfer
Wartburg 311/312

Bibliografische Information der Deutschen Nationalbibliothek
Die Deutsche Nationalbibliothek verzeichnet diese Publikation in der Deutschen Nationalbibliografie; detaillierte bibliografische Daten sind im Internet über http://dnb.dnb.de abrufbar.

1. Auflage 2013
ISBN 978-3-7688-3689-0

Layout: Peter Kurze / Gabriele Engel
Lektorat: Klaus Bartelt
Lithografie: scanlitho.teams, Bielefeld
Druck: Print Consult, München

Delius Klasing Verlag, Siekerwall 21, D - 33602 Bielefeld
Tel: 0521/559-0, Fax: 0521/559-115
E-Mail: info@delius-klasing.de
www.delius-klasing.de

Prestige war wieder gefragt

Bundeskanzler Konrad Adenauer entsteigt dem Fond eines Mercedes-Benz 300. Regierung, Diplomatie sowie hochrangige Vertreter der deutschen Wirtschaft und Industrie zogen den Dreihunderter jedem anderen Wagen vor (vorhergehende Seite).

Beim 1926/27 in Bremen gebauten 4,6 Liter Hansa-Lloyd 18/100 PS (ohc-Reihenmotor) wurde auf der Kühlerfront deutlich auf die Zahl der Zylinder hingewiesen. In seiner Ausführung 1928–1930 hatte der Motor sogar 5,3 Liter Hubraum.

Die Entwicklung des Automobilwesens hat schon in ihren Anfängen zwei sich deutlich voneinander abgrenzende Trends erkennen lassen: Die Schaffung kleiner, wirtschaftlicher und für »Jedermann« erschwinglicher Fortbewegungsmittel, um den Mobilitätsansprüchen breiter Käuferschichten zu entsprechen – und auf der anderen Seite das Bereitstellen großer, luxuriöser, mit allem erdenklichen Komfort versehener Fahrzeuge für eine Elite, der es auf Exklusivität, auf Repräsentation ankam. Und die sich diesen Anspruch auch gern etwas kosten ließ.

In der Geschichte des Automobilbaus in Deutschland bis zum Ausbruch des Zweiten Weltkrieges finden sich die Namen fast sämtlicher prominenter Hersteller jener Ära auch als Anbieter von Fahrzeugen der Oberklasse. Sie alle wollten von jener Klientel profitieren, die viel Geld für große und damit schwere, individuell karossierte und meist von einem

LUXUS
MERCEDES-BENZ

NAG-Protos 16/80 PS, wie er von 1930 bis 1933 gebaut wurde. Die viersitzige, zweitürige Karosserie fertigte die Firma Drauz an. Der über fünf Meter lange Wagen kostete damals etwa 14 000 Reichsmark und zählte zur Klasse der Luxusfahrzeuge.

Chauffeur bedienten Limousine anzulegen bereit war. An erster Stelle sind die Fabrikate Mercedes-Benz, Maybach und Horch zu nennen. Große Repräsentationswagen boten aber auch Hansa/Borgward, Stoewer, Opel, Selve und NAG an. Ihre Luxuswagen hatten Sechs- und Achtzylindermotoren unter der Haube und konkurrierten mit den Besten, die als Importe die Markenvielfalt im Lande noch ergänzten.

Nach 1945 dauerte es nur wenige Jahre, bis die deutsche Wirtschaft sich soweit von den Folgen des Krieges erholt hatte, dass auch die Automobilindustrie ihre Produktion wieder aufnehmen konnte. Zwar galt kleinen und mittleren Wagen jegliche Priorität, doch schon aus Gründen des für die Devisenbeschaffung so wichtigen Exports – vor allem in den Dollar-Raum – bemühten sich die Hersteller auch um ein Anknüpfen an bestehende Traditionen. So war Daimler-Benz ab 1951 wieder mit zwei exklusiven Sechszylindern zur Stelle, Borgward trat mit einem vergleichbaren und obendrein sehr viel moderner gezeichneten Fahrzeug an, und BMW meldete sich in der Prestigeklasse ebenfalls zurück – mit einer auf der IAA 1951 gezeigten Sechszylinder-Limousine, für deren Herstellung den Bayern zunächst jegliche Voraussetzungen fehlten. Aber sie hatten Flagge gezeigt!

Einen großen Vorsprung indessen vermochte sich Opel zu sichern, nicht zuletzt dank der Zugehörigkeit zum General-Motors-Konzern. Die Amerikaner ermöglichten den Rüsselsheimern eine relativ frühe Produktionsaufnahme, und ein großer Teil der Fertigung war zunächst auch für US-Army-Dienststellen in Europa vorgesehen. Der Opel Kapitän, ab Oktober 1948 gebaut, brachte es auf große Stückzahlen und war dadurch auch recht preiswert. Für die Mehrheit der Autokäufer in Deutschland waren solche exklusiven Wagen freilich unerreichbar. Zu Beginn der 1950er-Jahre zeichnete sich erst einmal ein Boom für motorisierte Kleinfahrzeuge ab. Doch mit einer Verbesserung der Lebensbedingungen stiegen auch die Ansprüche an das Niveau und die Größe der Fahrzeuge. War man vor kurzem noch Motorroller oder Motorrad – eventuell mit Beiwagen – gefahren, so wollte man jetzt unterwegs nicht mehr Wetterkleidung tragen, sondern trocken und sauber ans Ziel gelangen. Miniatur-Automobile und Kabinenmobile waren gefragt. Zugleich verschwanden die letzten Vorkriegswagen von den Straßen.

Ihre Popularität verdankte die Firma Opel zwar ihren erfolgreichen Kleinwagen, doch bauten die Rüsselsheimer auch schon immer prestigeträchtige Sechs- und Achtzylinder.

Im Verlauf des sogenannten Wirtschaftswunders (das gar kein Wunder war, sondern ein Prozess, der aus enormer Fleißanstrengung, Opferbereitschaft, Kreditbewegungen, Umsetzung von kreativen Ideen und Innovationsstreben resultierte) etablierte sich bald ein neues Unternehmertum, das sich wie zu früheren Zeiten mit Durchschnittsansprüchen nicht begnügte – mithin auch vom Volkswagen oder Ford Taunus zum Mercedes-Benz 220, Borgward 2400, zum großen BMW oder Opel Kapitän aufstieg. Die Regierung mit ihren vielen Amtsträgern in Bund und Ländern wollte ebenfalls adäquat motorisiert sein. Und da das Automobil seit jeher ein Spiegel des technisch-industriellen – und auch kulturellen – Potenzials eines Landes ist und im Ausland als eine Visitenkarte seines wirtschaftlichen Standards gilt, war es nur eine Frage der Zeit, wann außer zahlreichen Volksfahrzeugen auch wieder Autos der Oberklasse aus Deutschland die internationalen Märkte beleben würden.

Horch 830 BL Pullman-Limousine mit 3,8-Liter-V8-Motor. Dieser vornehme Chauffeurswagen wurde 1938–1940 angeboten und von Kunden bevorzugt, die eine Alternative zum Mercedes-Benz suchten (linke Seite).

Maybach SW38, wie er 1936 bis 1939 angeboten wurde. Die noblen Sechs- und Zwölfzylinder aus Friedrichshafen übertrafen in ihrer Ausstrahlung jeden Mercedes-Benz oder Horch.

Werbeaufnahme mit einem BMW 502 in Italien (rechte Seite).

BMW: Bayerischer Barockengel

Die seit 1916 als Flugmotorenfabrik gegründeten Bayerischen Motoren Werke hatten sich bis 1939 auch als Hersteller qualitätvoller Automobile im 2,0- und 3,5-Liter-Segment profiliert. Doch als nach Kriegsende das Eisenacher Werk, Standort der BMW-Automobilproduktion, nicht mehr verfügbar war und die teils zerstörten Anlagen in München, wo Motorräder und Flugmotoren gebaut worden waren, von den Alliierten demontiert wurden, standen die Zeichen für einen Neustart schlecht. Es dauerte bis 1951, ehe der BMW-Automobilbau wieder dort anzusetzen vermochte, wo er bei Kriegsbeginn aufgehört hatte: bei der Herstellung einer Reiselimousine mit 2,0-Liter-Sechszylindermotor.

Mit der Typenreihe 501/502 knüpfte BMW in den 1950er-Jahren an die Tradition einer Oberklasse an, die bei dieser Marke vor dem Krieg eigentlich nur eine geringe Rolle gespielt hatte. Doch es ging um Prestige und Marktpräsenz. Bei BMW in München glaubte man, mit den teuren Sechs- und Achtzylindern vor allem im Export punkten zu können.

BMW 501

Der im September 1951 präsentierte, aber erst im Jahr darauf produzierte »Bayerische Barockengel«, wie er wegen seiner schwungvollen Formen

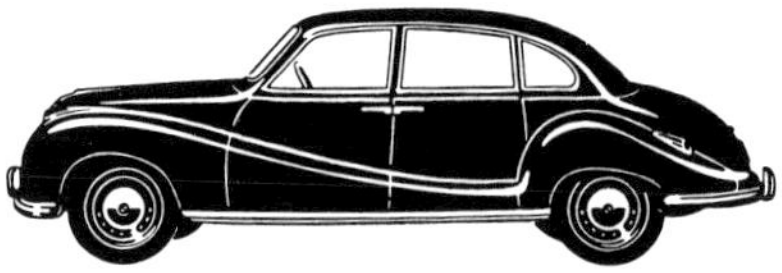

Die Bayerischen Motoren Werke stellten den Sicherheitsaspekt ihrer großen Limousinen in den Vordergrund. Das massive Stahlchassis sei die beste Lebensversicherung, hieß es, und biete vor allem Schutz bei einem Seitenaufprall. Dass die hinteren Türen an der C-Säule angeschlagen waren, störte damals niemanden.

bald genannt wurde, verfügte über viele technische Besonderheiten. Sein Sechszylinder-Motor war allerdings »nur« eine auf 65 PS gebrachte Version des 326-Triebwerks der 1930er-Jahre. Das Fahrwerk mit vorderer Einzelradaufhängung aber war eine Neukonstruktion und wurde von Testern mit großem Lob bedacht. Das lenkradgeschaltete Getriebe saß anderswo als bei herkömmlichen Autos: Statt direkt an den Motor angeflanscht, duckte sich die Schaltbox mit vier vollsynchronisierten Gängen unter den Vordersitzen, mit dem Motor durch eine kurze Gelenkwelle verbunden. Das Arrangement hatte unter anderem den Vorteil, dass die Motoraufhängung nicht auf das höchste Getriebedrehmoment ausgelegt werden musste, man konnte das Triebwerk also sehr weich lagern.
Der 501 genannte Viertürer wurde 1954 von einer auf 72 PS gesteigerten Version abgelöst und 1955 durch ein Modell mit 2,6-Liter-V8-Motor (95 PS, ab September 1961 Bezeichnung BMW 2600, 100 PS) ergänzt. Ende 1958 stellten die Münchener die Produktion des Sechszylinders ein und im September 1961 lief auch die Fertigung des 501 mit dem V8-Motor aus.

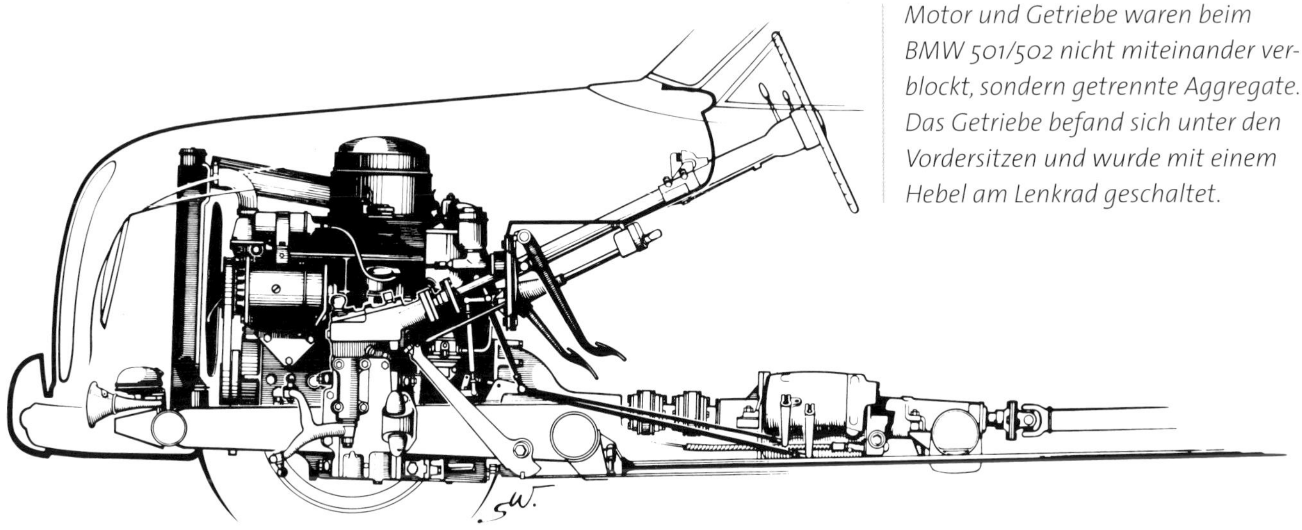

Motor und Getriebe waren beim BMW 501/502 nicht miteinander verblockt, sondern getrennte Aggregate. Das Getriebe befand sich unter den Vordersitzen und wurde mit einem Hebel am Lenkrad geschaltet.

Gut erkennbar ist der breite Chassisrahmen mit seinen starken Traversen; durch die mittlere verlief die Kardanwelle. Die stärkste Motorversion stellte der 3,2-Liter Achtzylinder dar, den es von 1961 bis 1964 mit 160 PS gab, gut für 190 km/h. Das war ein imponierend hohes Tempo.

501 bzw. 501 A mit Stoßstangen-hörnern, Bauzeit 11/1952 bis 3/1955.

»Sparmodell« 501 B, Bauzeit 3/1954 bis 3/1955.

Die »Schwingen«-Rückleuchten ersetzten die Bayern zum Modelljahr 1962 durch die vom Motorrad R 26 bekannten runden Rücklichter.

501/6 (ohne Stoßstangenhörner), Bauzeit 3/1955 bis 12/1958.

BMW 502

Den BMW 502 begrüßte die Fachwelt bei seinem Erscheinen im Sommer 1954 enthusiastisch als den ersten deutschen Achtzylinder der Nachkriegsgeschichte, zugleich war er der erste serienmäßig produzierte V8 der Welt mit einem Kurbelgehäuse aus Leichtmetall. »Der neue Leichtbau V-Achtzylinder von BMW dürfte die bisher glücklichste Synthese der Automobilbaukunst diesseits und jenseits des großen Teiches sein«, schrieb die *Motor-Revue*.

Der V8-Motor mit 2,6 Litern Hubraum leistete 100 PS. Der 502 (Bezeichnung ab Herbst 1958 BMW 2,6 Luxus) erhielt im September eine Leistungssteigerung um 10 PS und die neue Verkaufsbezeichnung BMW 2600

Bundeswirtschaftsminister Ludwig Erhard entsteigt dem BMW 502.

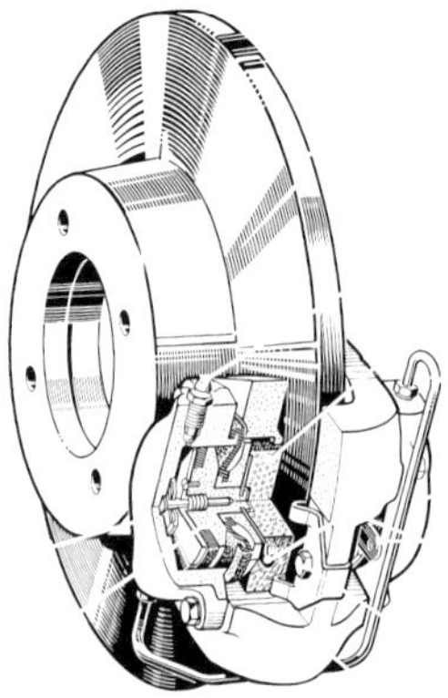

Ab Modelljahrgang 1960 bot BMW für die großen Limousinen Scheibenbremsen an den Vorderrädern (mit Servounterstützung) an. Im 3,2 Liter Super gab es sie ab September 1959 serienmäßig.

Luxus. Die Fahrzeuge der Baureihe 502 unterschieden sich auffällig durch die serienmäßigen Nebelscheinwerfer von denen der Baureihe 501.
Das Spitzenmodell der Baureihe gab es ab Oktober 1955. Der BMW 502 3,2 hatte das V8-Triebwerk, allerdings mit einem Hubraum von 3168 cm³. Die Leistung betrug 120 PS, ab Modelljahr 1962 sogar 140 PS (BMW 3200 Luxus). In der ab 1957 gebauten Super-Ausführung besaß der Motor 140 PS (BMW 502 3,2 Super) und nach der Modellpflege 1961 für damalige Zeiten unglaubliche 160 PS, die den 1,5 Tonnen schweren Wagen auf etwas mehr als 190 km/h beschleunigten.
Als Krönung erschien 1962 der viersitzige Zweitürer 3200 CS mit einer Karosserie von Bertone; in Turin wurden auch die Aufbauten hergestellt. In geringer Stückzahl und im Kundenauftrag wurden bei den Karosseriefirmen Baur in Stuttgart sowie Autenrieth in Darmstadt zwei- und viertürige Cabriolets auf Basis des 501/502 gebaut, auch einige wenige Coupés. Diese Derivate entstanden alle im Kundenauftrag, erhielten individuelle Lackierungen und summieren sich auf insgesamt etwa 360 Stück.

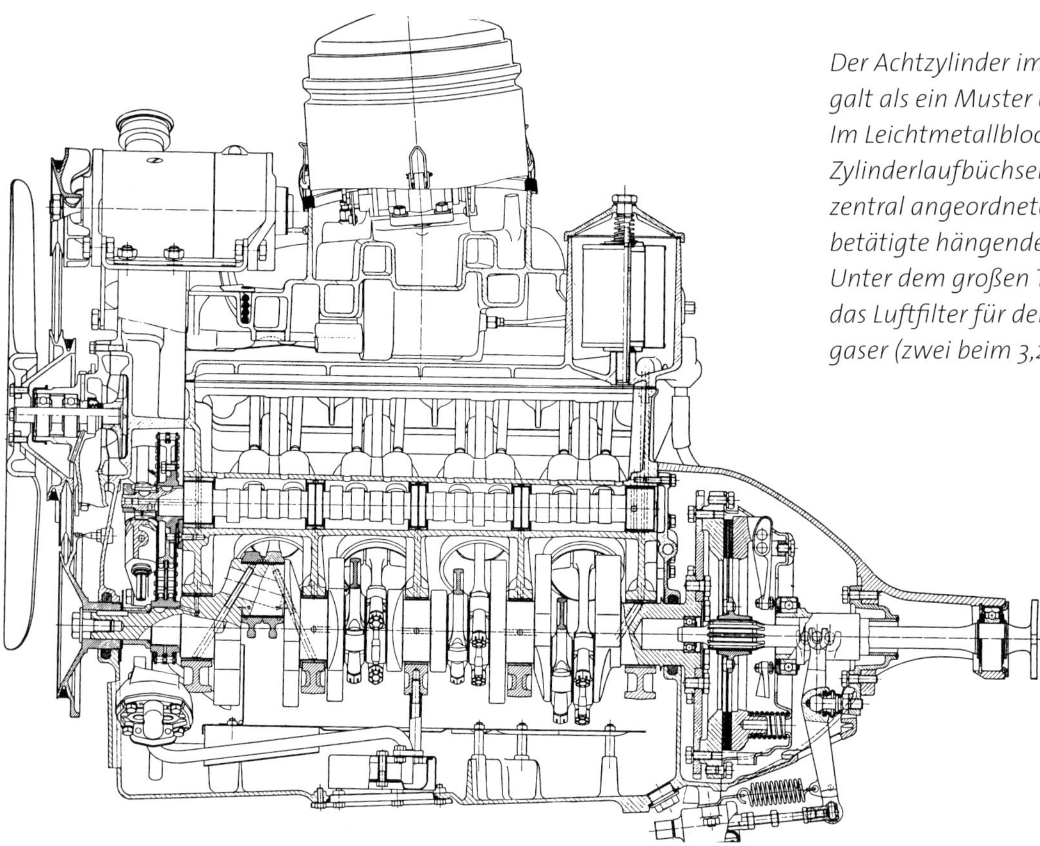

Der Achtzylinder im BMW 502 galt als ein Muster an Laufkultur. Im Leichtmetallblock waren nasse Zylinderlaufbüchsen eingezogen, die zentral angeordnete Nockenwelle betätigte hängende Ventile (ohv). Unter dem großen Topf verbirgt sich das Luftfilter für den Fallstromvergaser (zwei beim 3,2 Liter Super).

Den krönenden Abschluss der Baureihe 501/502 bildete das 1962–1965 gebaute Modell 3200 CS mit einer von Nuccio Bertone gezeichneten und auch in Turin fabrizierten Coupékarosserie. Vorgestellt wurde der Viersitzer auf der IAA im September 1961 (rechts).

Einer der wenigen BMW 502, die eine Coupékarosserie der Darmstädter Firma Autenrieth bekamen.

Sie stellten ein Non-plus-ultra an Eleganz und Komfort dar, waren aber auch entsprechend teuer. Mit 22 000 DM kostete solch ein Schmuckstück 1954 fünfmal so viel wie ein VW Export-Käfer. Mit Preisen zwischen 12 000 und 18 000 DM je nach Motorisierung und Ausstattung bewegten sich auch die Serienlimousinen 501/502 im gehobenen Segment, dennoch spielten diese Autos ihren Gestehungsaufwand nicht ein. Auch die Isetta und der Kleinwagen 700 kompensierten diese Verluste nicht, die BMW an den Rand des Ruins brachten. Erst der 1961 vorgestellte BMW Mittelklassewagen vom Typ 1500 und dessen Nachfolger ermöglichten BMW das Überleben. Die großen Sechs- und Achtzylinder jedoch hatten die Reputation der weiß-blauen Marke aufrecht erhalten; ihre Zuverlässigkeit, ihr Verarbeitungsstandard und die Eleganz ihrer Erscheinung wurden höchsten Ansprüchen gerecht. Von den Sechszylindermodellen wurden 1952 bis 1961 genau 9973 Stück hergestellt, von den V8-Modellen waren es 13 077 von 1955 bis 1963. Vom 3200 CS Bertone verkaufte BMW 603 Stück.

Besonders elegant machte sich das zweitürige, viersitzige Cabriolet der Stuttgarter Karosseriefirma Baur (es gab auch viertürige Ausführungen). Bauer zählte zu den verlässlichsten Zulieferern und hatte auch die ersten 501-Limousinenkarosserien hergestellt, als BMW in München 1951/52 noch nicht in der Lage gewesen war, in eigener Regie zu produzieren.

Borgward: Hanseatische Qualitätsarbeit

Beschäftigt man sich mit der Epoche des wirtschaftlichen Wiederaufstieges, der sich nach 1945 in Westdeutschland vollzog, dann begegnet man einer Reihe herausragender Persönlichkeiten, denen es wie Carl Friedrich Wilhelm Borgward trotz widrigster Umstände gelang, in einer schweren Zeit Unternehmen von Weltgeltung entstehen zu lassen.

Die Bremer Borgward-Werke waren schon vor dem Krieg erfolgreiche Hersteller von Fahrzeugen in den unterschiedlichsten Typenklassen gewesen, und als Spitzenmodell war 1936 der Hansa 3500 vorgestellt worden. 1937 folgten zwei weitere große Sechszylinder, eingeführt unter der Marke Borgward: der 2000 und der 2300 (1962 bzw. 2247 cm^3 Hubraum).

Borgward »Hansa Privat« (Hebmüller Cabriolet) auf der Internationalen Automobilausstellung 1936 in Berlin.

Die Panorama-Frontscheibe und die konsequente Pontonform des Prototyps waren für europäische Verhältnisse sehr ungewöhnlich und orientierten sich an amerikanischen Vorbildern. Zweifellos hätte der »Exportwagen« gerade in den USA gute Chancen gehabt.
Prototyp 1950: Transaxle-Bauweise mit 175-PS-3,6-Liter-Boxermotor, 4-Ventil-Zylinderkopf (Zu- und Abschaltung von Einlassventilen), 5-Gang-Getriebe. Höchstgeschwindigkeit 200 km/h. Da die komplizierte Technik in jener Zeit keine ausreichende Zuverlässigkeit ermöglichte, ging das Fahrzeug nicht in die Serienproduktion.

Diese Autos wurden auch nach Kriegsbeginn noch eine Zeit lang weitergebaut, doch dann mutierten die Bremer Werke zu einer reinen Rüstungsfabrik.
Für den allmählich wieder interessant werdenden Zivilmarkt nach 1945 hatte Carl F. W. Borgward – dem die Alliierten zunächst ein Betreten seines Unternehmensareals wegen seiner politisch belasteten Vergangenheit verboten hatten – große Pläne. Mit den drei Marken Lloyd, Goliath und Borgward, die zu seinem Portfolio gehörten, war er schon bald imstande, sich vom Kleinwagen bis zur Oberklasse-Limousine in allen Segmenten Marktanteile zu sichern. Der Situation im Nachkriegsdeutschland entsprechend, hatten erst einmal kleinere und mittele Modelle unter 1,5 Liter Hubraum Vorrang, die unter den Marken Lloyd bzw. Goliath erschienen, wobei der 1949 vorgestellte Borgward Hansa 1500 als erste deutsche Pkw-Neukonstruktion nach dem Krieg besondere Aufmerksamkeit erregte. Der modernen Ponton-Limousine folgte im März 1952 das Modell 1800 und etwas später auch eine Dieselversion.
Als ebenso sensationell durfte sich der 1954 eingeführte Mittelklassewagen namens Isabella bezeichnen lassen, ein sportlicher Zweitürer, der hinsichtlich all seiner Eigenschaften vorwegnahm, was der Hersteller BMW ab 1961 für seine »Neue Klasse« reklamierte – eine Baureihe, deren Markterfolg nicht zuletzt darauf zurückzuführen war, dass zu diesem Zeitpunkt der Bremer Konkurrent am Markt nicht mehr vertreten war …

Werbung für den »Großen Borgward« mit Stromlinien-Schrägheckkarosserie. Der 1952 bis 1955 gebaute Luxuswagen vermochte sich gegen BMW, Opel und Mercedes-Benz nicht durchzusetzen. Mit seinen 82 PS brachte es die Limousine auf 150 km/h Spitze.

Borgward Hansa 2400

Er hatte durchaus das Zeug, dem Opel Kapitän und dem Mercedes-Benz 220 Paroli zu bieten: der Borgward Hansa 2400. Auch dieser Wagen stellte eine völlige Neukonstruktion dar. Es gab den großen Viertürer ab Oktober 1952 zu kaufen. Dass ihm kein nennenswerter Erfolg beschieden war, lag an der wohl zu kurzen Entwicklungszeit und den geringeren Ressourcen, über die Borgward im Gegensatz zu seinen Konkurrenten verfügte, denn das Fahrzeug schien in einigen Details nicht ganz ausgereift, als es auf den Markt kam.

BORG WARD
AH 84-4612

BORGWARD
AH 84-4612

Der Wagen mit seiner modernen Stromlinienkarosserie (c_w-Wert = 0,363) war im April 1951 auf der Frankfurter Automobilausstellung erstmals gezeigt worden, wo auch der BMW 501 debütierte. Der Sechszylindermotor hatte 2337 cm^3 Hubraum, leistete 82 PS bei 4500 U/min und zeichnete

Die gnädige Frau wird gleich die Hutschachtel (heute nur noch im Antiquitätenhandel zu finden) in den Kofferraum des Borgward Hansa 2400 legen ... (linke Seite)

Der Sechszylinder-ohv-Motor des Borgward 2400 leistete 82 PS bei 4500 U/min und wurde auf Wunsch mit einem Automatikgetriebe geliefert. Der gleiche Motor war im Borgward Lkw B 2000/2500 bzw. B 522 zu finden, wo er sich vieltausendfach bewährte.

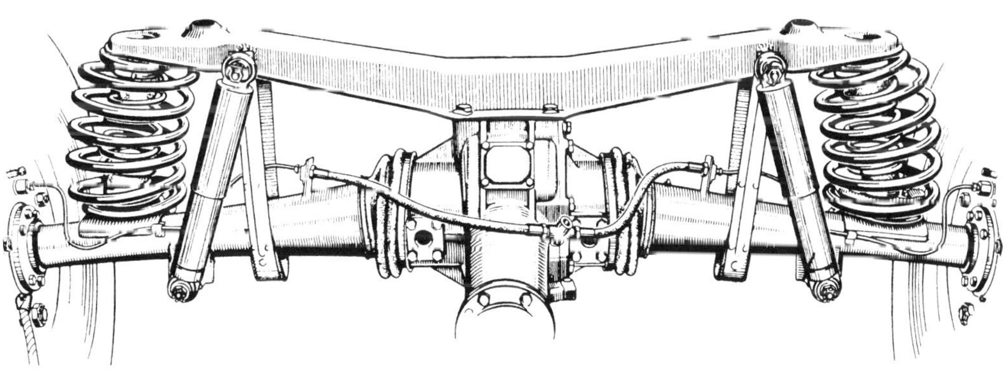

Die Federung des Borgward Hansa 2400 ließ keine Wünsche offen. Die hintere Pendelachse wies Schraubenfedern und Teleskopstoßdämpfer auf (Illustration ist der Betriebsanleitung entnommen).

Die Fließheckkarosserie des Borgward 2400 war ihrer Zeit weit voraus und fand wenig Anklang. Noch galt in der Automobilarchitektur das Stufenheck als die beliebteste Form.

sich durch einen seidenweichen Lauf aus. In 20 Sekunden war man auf 100 km/h; die Spitze lag bei 150 km/h. Der Wagen konnte alternativ auch mit einem automatischen Strömungsgetriebe versehen werden, eine hauseigene Konstruktion, die aber problematisch war. Reklamationen gab es auch hinsichtlich der Bremsen, die den Fahrleistungen des beladen bis zu 1840 Kilogramm schweren Wagens nicht voll gewachsen waren.

Fahreigenschaften und Straßenlage jedoch fanden bei den Testern jener Jahre großes Lob. Der »Große Borgward« war vorn und hinten

schraubengefedert und wies eine Pendel-Antriebsachse mit Scharnier-Anlenkung auf.
Trotz seiner Qualitäten brachte es der Borgward Hansa 2400 mit seinem interessanten Schrägheck innerhalb von drei Jahren auf nur 743 verkaufte Exemplare. Das sicherte dem 12 300 DM teuren Wagen zwar eine hohe Exklusivität, machte ihn für seinen Hersteller jedoch zu einem Verlustgeschäft.

Interessante Lösung: Damit bei einer Reifenpanne nicht das ganze Gepäck ausgeladen werden muss, weil das Reserverad nur durch eine Klappe im Kofferraum zu erreichen ist, verlegte Borgward das fünfte Rad in ein Extrafach zwischen der hinteren Stoßstange und der Antriebsachse.

Dem Geschmack der Käufer kam Borgward mit dem Modell 2400 Pullmann entgegen, das ab Frühjahr 1953 ein Stufenheck aufwies. Der Wagen war 20 Zentimeter länger geworden, wies aber die gleiche Technik wie der Vorgänger mit Fließheck auf.

Borgward Hansa 2400-Pullmann I

Ab März 1953 gab es den »Großen Borgward« auch als Stufenheck-Limousine. Der geringe Absatz des Fließheckmodells wurde darauf zurückgeführt, dass die avantgardistische Stromlinienform gerade jener Klientel zu ungewöhnlich war, an die sich der Wagen richtete. Diese – meist älteren – Kunden waren konservativ und präferierten ein traditionelles Styling à la Mercedes-Benz.
Die Stufenheckversion des 2400, als Pullmann bezeichnet (bei Borgward nach Gutdünken mit einem oder mit zwei »n« geschrieben), wurde als formal gelungener begrüßt, auch waren jetzt die Kinderkrankheiten auskuriert. Der Wagen kostete stolze 15 400 DM und ließ sich mit einer

Trennscheibe zum Fond ausrüsten – die perfekte Chauffeurs-Limousine. Trotzdem lag die verkaufte Stückzahl des Pullmanns bei annähernd 300 Exemplaren.

Bei einem von 2620 auf 2820 Millimeter verlängerten Radstand war die Gesamtlänge des Wagens gleich geblieben und betrug 4660 Millimeter. Neu war, dass sich die Scharniere nicht nur der vorderen, sondern auch der hinteren Türen an der B-Säule befanden. Die Zeitschrift *Motor-Rundschau* zeigte sich von ihrem 53er-Testwagen mit Automatik beeindruckt: »Durch die günstige Schwerpunktlage ist die Straßenlage im gesamten Geschwindigkeitsbereich und bei Wind und Wetter recht gut. Dadurch hohe erreichbare Durchschnitte ohne Ermüdung.« Aber auf eines wollte man die Leser doch hinweisen: »Trotz der Bremswirkung bitte die aus hohen Geschwindigkeiten unvermeidbar langen Bremswege beachten!«

Wie es sich für einen Chauffeurswagen gehört, konnte der Borgward Hansa 2400 Pullmann mit einer Trennscheibe zum Fond geliefert werden.

Borgward Hansa 2400 Pullmann II

Titelseite eines Prospektes, den Borgward im Sommer 1955 zum Erscheinen des neuen Pullmann-Modells herausgab. Bis November 1958 wurden nur 356 Stück hergestellt.

Eine in vieler Hinsicht überarbeitete und verbesserte Version des 2400 Pullmann erschien im Sommer 1955. Dieses Modell blieb bis zum November 1958 im Programm und war nicht besser absetzbar als sein Vorgänger; lediglich 356 Wagen verließen das Werk in Bremen-Sebaldsbrück. Bis zum Schluss versuchte man durch Aufwertungen den Pullmann doch noch an den Mann zu bringen. So steigerte man die Leistung des Motors auf 100 PS (Höchstgeschwindigkeit 160 km/h) und versuchte, den Wagen durch eine Reduzierung des Hubraums auf 2240 cm³ im Fahrbetrieb wirtschaftlicher zu machen, was am Konsum von 13 Litern auf 100 Kilometer (mit Automatic-Getriebe 14,5 Liter) kaum etwas änderte. Ausschlaggebend aber war, dass sich für diesen Motor Teile des Isabella-Motors

Feinster Stei
Rauch
aus der Aalraucherei Sch
HB-AA 114

verwenden ließen. Ebenso nahmen die Rückleuchten vorweg, was man 1957 auch beim Isabella Coupé sah. Zum Schluss bekam die Pullmann-Limousine noch eine seitliche Chromzierleiste und im Bereich der Scheibeneinfassung eine chromverblendete A-Säule.

Der Wagen war zweifellos ein Vertreter der Extraklasse, was die im Allgemeinen kritische Motorpresse zu bestätigen wusste. Das Urteil des Magazins *auto motor und sport* lautete: »Wo man hinkommt, wird dieser Borgward bestaunt und aufrichtig bewundert ... Er gefällt schon rein äußerlich durch seine moderne und elegante Linienführung, die frei ist von modischen Übertreibungen. Er wirkt ausgesprochen seriös und repräsentativ.« Immerhin: Diese Zeitschrift kam aus Stuttgart!

»Was kundigen Betrachtern (...) imponiert, ist die für heutige Begriffe ungewöhnlich solide, saubere und gewissenhafte Verarbeitung der Karosserie«, hieß es weiter. »Man hat hier eines der selten gewordenen Automobile vor sich, bei denen nicht an allen Ecken und Enden die harte Diktatur eines Sparkommissars zum Vorschein kommt.«

Hansa Pullmann II, Modell 1955 (linke Seite).

Der Hansa Pullmann II, Modell 1957, besaß wesentlich mehr Chromzierat.

HB-DD 807

Borgward P 100

Die Idee für den P 100 stammte vom Firmenchef persönlich. Da ihm auch die Designabteilung unterstand, nahm der neue Großwagen auch ganz so die Form an, wie er es sich vorgestellt hatte. Die Vorarbeiten inklusive Modellbau nahmen viel Zeit in Anspruch; die ersten Konstruktionsarbeiten hatten 1957 begonnen. 1959 stand ein erster Prototyp auf den Rädern, ein weiterer wurde im September des gleichen Jahres auf der IAA in Frankfurt am Main gezeigt; anschließend war der Wagen auf dem Pariser Salon zu sehen.

Borgward P 100 Prototyp. Der Wagen war mit einer kleinen Kühlerfigur verziert und besaß noch die von der Isabella übernommenen Radkappen (linke Seite).

Messeauftritt 1961.

Der ohv-Motor des P 100 genannten Viertürers war der des Borgward Hansa 2400 mit 2240 cm³ Hubraum, wie in jenem Auto 100 PS bei 5000 U/min leistend. Mit einem geringeren Eigengewicht von nur 1320 Kilogramm ließ sich der P 100 in nur 17 Sekunden von null auf 100 km/h bringen; die Höchstgeschwindigkeit betrug 160 km/h. Eine technische Besonderheit war die optionale und mit 800 DM berechnete Luftfederung des Wagens. Statt der üblichen Stahl-Schraubenfeder saß hier an jedem Rad ein mit komprimierter Luft gefüllter Federbalg, verbunden mit einem Kolbenkompressor im Motorraum. Erreichte der Wagen durch das Füllen der Bälge seine programmierte Bodenfreiheit, regelten Ventile die weitere Luftzufuhr ab. Zugleich erlaubte die Luftfederungsbauweise

Die Geräumigkeit des Kofferraums beim 2,3 Liter veranschaulicht dieses Werbefoto sehr gut (rechte Seite).

Werbung für den Borgward 2,3 Liter von 1960/61. Airport-Motive galten noch immer als besonders attraktiv, denn Fliegen war eine exklusive Angelegenheit, als der Tourismus sich noch überwiegend auf der Straße abspielte.

HB-EA 502

Werbung für den Borgward 2,3 Liter alias P 100.

eine geringere Bauhöhe des Wagens: Sie betrug nur 1420 Millimeter, also beträchtlich weniger als beim Opel Kapitän, BMW 501 oder Mercedes-Benz 220.

Auf Wunsch wurde der P 100 auch mit einer ATE-Servobremsanlage geliefert, für die sich fast alle Käufer entschieden und die ab Ende 1960 zum Standard gehörte. Und das automatische Getriebe Hansa-Matic war ebenfalls zu bekommen, es kostete 980 DM. Orderte man auch ein Stahlschiebedach, dann belief sich der Endpreis des P 100 ab Werk auf 14 760 DM.

Die Ausstattung ließ keine Wünsche offen. Vom gepolsterten Armaturenbrett bis zu Nebelscheinwerfern, vom Lenkschloss bis zum asymmetrischen Abblendlicht umfasste die Serienausstattung alles, was einen modernen Reisewagen ausmachte. Rechtslenker für den Export, getönte Scheiben oder einen Tropenkühler bot Borgward ebenfalls an.

Nach der hauseigenen Statistik wurden bis zum Produktionsende im August 1961 2537 Fahrzeuge hergestellt; es gibt jedoch Vermutungen, nach denen es auch 2600 gewesen sein können – die vergebenen Fahrgestellnummern lassen dieses Schluss zu. Tatsache ist, dass der P 100 ein zweites

Leben führte. Nach dem Borgward-Konkurs hatte nämlich eine Firma aus Mexiko die Konstruktionsrechte an der Isabella und am P 100, die entsprechenden Werkzeugmaschinen und die noch vorhandenen Materialbestände gekauft. Ab 1965 bauten die Mexikaner den nun 230 genannten Borgward in drei Versionen, die bis 1971 angeboten wurden. Ihre Stückzahl entsprach ziemlich genau der, die auch in Bremen realisiert worden war.

Mit dem 2,3 Liter P 100 ging 1961 die Ära Borgward zu Ende. Jedes noch existierende Exemplar ist heute ein wertvolles Sammlerstück.

Mit dem 1951 präsentierten Typ 220 hatte Mercedes-Benz wieder einen Sechszylinder-Wagen anzubieten. Zeitgleich erfolgte die Einführung des 300. Dieses Foto entstand 1952 in Genf.

Schwäbische Wertschöpfung: Mercedes-Benz

Als 1951 die Internationale Automobilausstellung in Frankfurt am Main stattfand, lag der Termin nicht, wie heute, im September, sondern im April (im Herbst gab es ebenfalls eine, jedoch in Berlin). Für den Saisonstart holten sich die Besucher Appetit auf Autos, die für die meisten von ihnen

unerschwinglich waren. Es war die erste Internationale Autoschau auf deutschem Boden nach dem Krieg, und es gab neben unzähligen Mittelklasse-, Klein- und Kleinstwagen auch zwei neue Mercedes-Benz-Modelle, die für großes Aufsehen sorgten: die Modelle 220 und 300, beides Sechszylinder.

Werbung für den neuen Mercedes-Benz 220. Die Illustration stammt von Walter Gotschke, einem der gefragtesten Grafiker in der Automobilbranche.

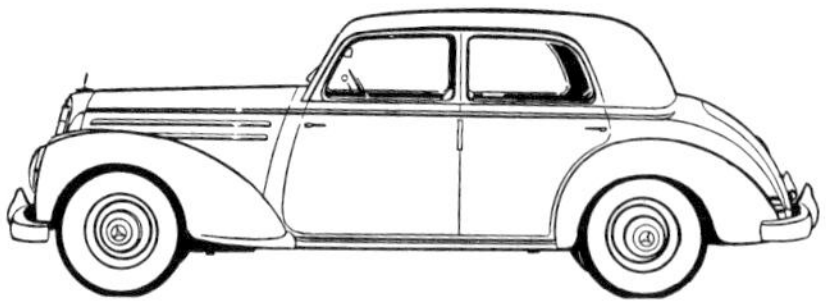

Die schlichte Eleganz des Mercedes-Benz 220 – hier vor dem Direktions-Eingang in Stuttgart-Untertürkheim – entsprach ganz den Wünschen einer konservativen Klientel.

Mercedes-Benz 220 (W 187)

Der Mercedes-Benz 220 basierte auf dem Vierzylinder-Modell 170 S, besaß auch dessen bewährten Ovalrohr-X-Rahmen plus Fahrwerk, allerdings mit verbesserten Bremsen. Der Motor war eine Neukonstruktion mit einer oben liegenden mit einer per doppelter Rollenkette angetriebenen Nockenwelle und einer thermostatisch regulierten Saugrohrvorwärmung. Dem Umstand entsprechend, dass das damals zur Verfügung stehende Benzin von recht unterschiedlicher Qualität sein konnte, gab es einen Hebel zur Verstellung des Zündzeitpunkts (ein klassisches Merkmal zahlreicher Vorkriegswagen), hier Oktanzahl-Kompensator genannt.

Der Vergasermotor mit 2195 cm^3 Hubraum leistete 80 PS bei 4850 U/min. Motoren vergleichbarer Größe hatten vor 1939 noch maximal 55 PS abgegeben. Das Viergang-Synchrongetriebe schaltete man am Lenkrad, das galt als fortschrittlich. Die vorderen Sitze ließen sich einzeln verstellen; serienmäßig gab es einen Choke mit Warnlicht und ein Lenkradschloss; die Aufpreisliste umfasste unter anderem Kopfstützen, Außenspiegel (die waren noch nicht obligatorisch) sowie einen Koffersatz, der den Gepäckraum optimal ausfüllte. Nicht befriedigend war das Volumen des Benzintanks, der nur 47 Liter fasste, weshalb man ihn schon bald auf 65 Liter Volumen vergrößerte. Die vorderen Türen waren an der B-Säule angeschlagen, und es gab noch veritable Trittbretter.

Die Verwandtschaft zum Mercedes-Benz 170 Vierzylinder ist unverkennbar, aber auch die mit dem Vorkriegsmodell 230. Es gab die Limousine 220 in dieser Ausführung von 1951 bis 1955.

Mercedes-Benz 220 von 1954 in Ladenburg (rechte Seite).

Klassisches Bild aus den 1950er-Jahren: Der Chauffeur im grauen Zweireiher und mit Dienstmütze wartet auf den Chef. Hoffentlich ist der Zettel unter dem Scheibenwischer kein von ihm übersehenes »Knöllchen«.

Anfang August 1951 begannen die Auslieferungen des »Zwozwanzigers«. Die 140 km/h schnelle Limousine dieser W 187 genannten Baureihe kostete bei ihrem Erscheinen 11 925 DM und wurde bis zu den Werksferien 1955 nicht weniger als 16 154-mal gebaut, wobei der Start infolge knapper Rohstoffe und einer noch nicht voll verfügbaren Fabrikationskapazität sehr bescheiden erfolgt war. Die Händler warteten ungeduldig auf ihre georderten Exemplare, ebenso die Importeure im Ausland. Dazu war von Seiten der Presse die Begehrlichkeit noch gesteigert worden, die den neuen Mercedes-Benz als den »temperamentvollsten und schnellsten Serienwagen der Welt« bezeichnete (*Auto-Touring*). Und dass

F-NM 627

STEINBOCK GMBH
MOOSBURG/Obb.

PARKHAUS
H45-4735
ES-C 142

die Zeitschrift *auto motor und sport* bei ihrem hart hergenommenen Testwagen einen Verbrauch von 19 Litern auf 100 Kilometer registriert hatte, regte in Stuttgart niemanden auf. Das Fahrwerk mit seiner hinteren Pendelschwingachse an doppelten Schraubenfedern bewährte sich auf den damals noch schlechten, teils seit dem Krieg noch nicht instand gesetzten Straßen ausgezeichnet.
Es gab den Mercedes-Benz 220 auch als Cabriolet A und Cabriolet B, klassische Bauformen mit langer Tradition. Das Cabriolet A war ein zweitüriger 2+2, ein stilistisches Meisterwerk hervorragender Proportion und mit 1440 kg um zwei Zentner schwerer als die Limousine. Das Cabriolet B war ebenfalls zweitürig, aber ein vollwertiger Vier- bis Fünfsitzer mit zusätzlichen Seitenscheiben hinter den Türen. Die schweren,

Linke Seite: Schönheitswettbewerb: Geschmackssache (links)! Hebebühnen-Vorführung auf der IAA 1953 (rechts). Als der Tankwart dem Kunden noch den Schlag öffnete ... (unten).

Das zweitürige, viersitzige Cabriolet bezeichnen Mercedes-Liebhaber als eines der schönsten Autos der frühen Nachkriegszeit.

M - 041135

gefütterten Verdecke mit ihren verchromten Sturmstangen ließen sich nicht versenken, sie lagen, fuhr man geöffnet, auf dem Heck des Wagens unter einer Staubhülle – das war gängige Praxis bei solchen Fahrzeugen. Mit 18 860 DM war das Cabriolet A erheblich teurer als die Limousine und auch als das Cabriolet B, das für 15 160 DM verkauft wurde.
Noch teurer war das 220 Coupé, das es ebenfalls gab; es kostet 20 850 DM und wurde nur in ganz geringer Zahl angefertigt. Das Dach mutete wie ein abnehmbares Hardtop an (eine Konstruktion, die bei Daimler-Benz erst mit dem 190 SL eingeführt wurde), doch es war ein fester Bestandteil des Karosseriekörpers. Alle Cabrios und Coupés brachten es auf eine Gesamtzahl von 2360 Stück.

Noch seltener als die 220er-Cabriolets der frühen 1950er-Jahre sind die wenigen Coupés dieser Baureihe.

Mercedes-Benz 220 Cabriolet A im Besitz eines Münchner Sammlers (linke Seite).

TYP-300

Mercedes-Benz 300 (W 186)

Der andere große Sechszylinder, den Daimler-Benz im Frühjahr 1951 einem ehrfurchtsvoll staunenden Publikum in Frankfurt präsentierte, war das neue Modell 300. Mit 3050 Millimeter Radstand (220: 2845 mm) und einer Gesamtlänge von 4950 mm (220: 4507 mm) gab sich die Limousine wesentlich volumiger, sie entsprach den Repräsentationswagen der Vorkriegszeit, ohne deren Gigantomanie aufzunehmen. Hubraumgrößen von 5,0 Liter und darüber waren nicht mehr zeitgemäß. Der 300, dessen Typenbezeichnung wie eh und je bei Mercedes-Benz den Zylinderinhalt (drei Liter) zu erkennen gab, war nicht zuletzt im Hinblick auf die Auslandsmärkte entstanden. Dort genoss die Marke mit dem Stern noch immer einen hervorragenden Ruf. Aber auch im Inland war die Nachfrage interessant, und als im November 1951 die ersten Fahrzeuge zur Auslieferung kamen, war die Warteliste schon sehr lang.

»Den Mercedes-Benz 300, der international als Extraklasse gilt, muss man mit einem anderen Maß messen als einen schlichten Gebrauchswagen«, schrieb die Zeitschrift *Motor-Rundschau*. »Nicht nur Raumkomfort und Bequemlichkeit, Straßenlage und Leistung müssen hier über dem Durchschnitt liegen, sondern ein solcher Wagen muss auch repräsentieren.« Wobei die »konservative Form und die traditionelle Gestaltung« als

Mit der Einführung des 300 im Jahre 1951 entsprach Daimler-Benz auch der Auslandsnachfrage.

Pluspunkte gewertet wurden, ebenso die »vollen Sessel vorn und die behagliche, dreisitzige Bank mit sehr freiem Beinraum im Fond«. Die Unterbringung von zwei Reserverädern im Heck macht deutlich, wie sehr eine Reifenpanne noch zum Alltag des Autofahrers gehörte.

Zum Serienumfang der 19 900 DM teuren Limousine gehörten eine elektrisch zuschaltbare Niveauregulierung zum Ausgleich unterschiedlich schwerer Belastungen sowie eine per Knopfdruck zu betätigende Zentralschmierung wie beim Modell 220. Der 115 PS leistende und durch zwei Fallstromvergaser gespeiste 2996-cm³-ohc-Motor war temperamentvoll und dennoch ein Muster an Laufruhe. Fuhr man die Limousine »standesgemäß« moderat, kam man mit 17 Litern Kraftstoff auf 100 Kilometern aus.

Den Mercedes-Benz 300 konnte man auch als viertüriges Cabrio bekommen. Mit seinen drei Fenstern an jeder Seite rangierte es in der klassischen Daimler-Nomenklatur als Cabriolet D. Dieses Modell wurde wie die Limousine ab Ende März 1951 in einer Vorserie zu Erprobungszwecken aufgelegt; bis zur Auslieferung der ersten Exemplare an die Kunden sollte noch ein volles Jahr vergehen. Während die Limousine in ihrer ersten Ausführung bis März 1954 in 5200 Exemplaren hergestellt wurde, entstanden im Karosseriewerk Sindelfingen nur 50 D Cabrios für eine handverlesene Klientel.

Aus jedem Blickwinkel ein klassischer Mercedes-Benz. Ebenso ungewöhnlich wie der Wagen selbst war damals eine Dame hinter dem Lenkrad eines Dreihunderters.

Der Mercedes-Benz 300b besaß mehr Leistung (125 PS statt 115), verstärkte Bremsen, etwas mehr Chrom, vordere Dreieckfenster sowie ab 1955 wahlweise eine Getriebeautomatik.

Mercedes-Benz 300b (W 186/II)

In vielen Details optimiert erschien im März 1954 der Mercedes-Benz 300b. Mit einer Leistung von 125 PS war der Sechszylindermotor gegenüber dem Vorgänger um zehn PS erstarkt: Man hatte die Verdichtung erhöht, weil auch die Benzinqualitäten besser geworden waren. Zugleich ließ sich eine Senkung des Durchschnittsverbrauchs feststellen. Der gleiche Motor fand übrigens Eingang im 300 SL Flügeltürer, dem legendären Sportcoupé.
Was der 300b noch immer nicht aufwies: ein Türschloss an der rechten Seite. Da es noch keine Zentralverriegelung gab, musste man alle Türen einzeln von innen entriegeln. Großes Lob erfuhren die wirksame Heizungs- und Lüftungsanlage, der große Kofferraum, der praktische Signalring auf

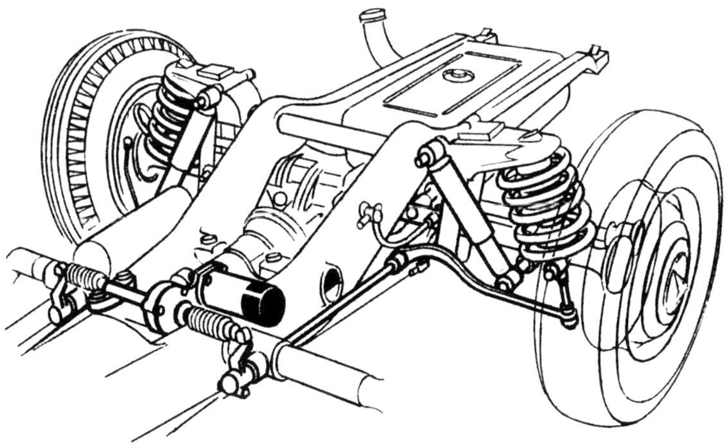

Hinterachse des 300b mit der typischen Schraubenfeder-Anordnung an der Pendel-Schwingachse. Eine Drehstabfeder ließ sich zum Ausgleich schwerer Beladung elektrisch zuschalten und einstellen.

Die verrippten Bremstrommeln und die Beläge hatte man, der stärkeren Motorleistung Rechnung tragend, beim 300b verbreitert.

Der Sechszylinder-Vergasermotor wies eine oben liegende Nockenwelle auf und leistete 125 PS, gut für 160 bis 165 km/h.

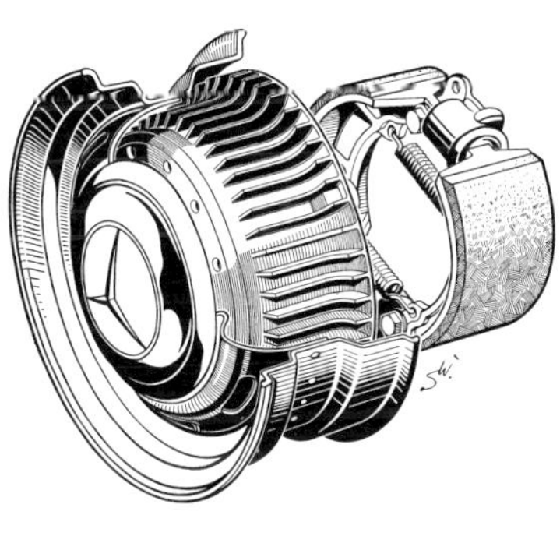

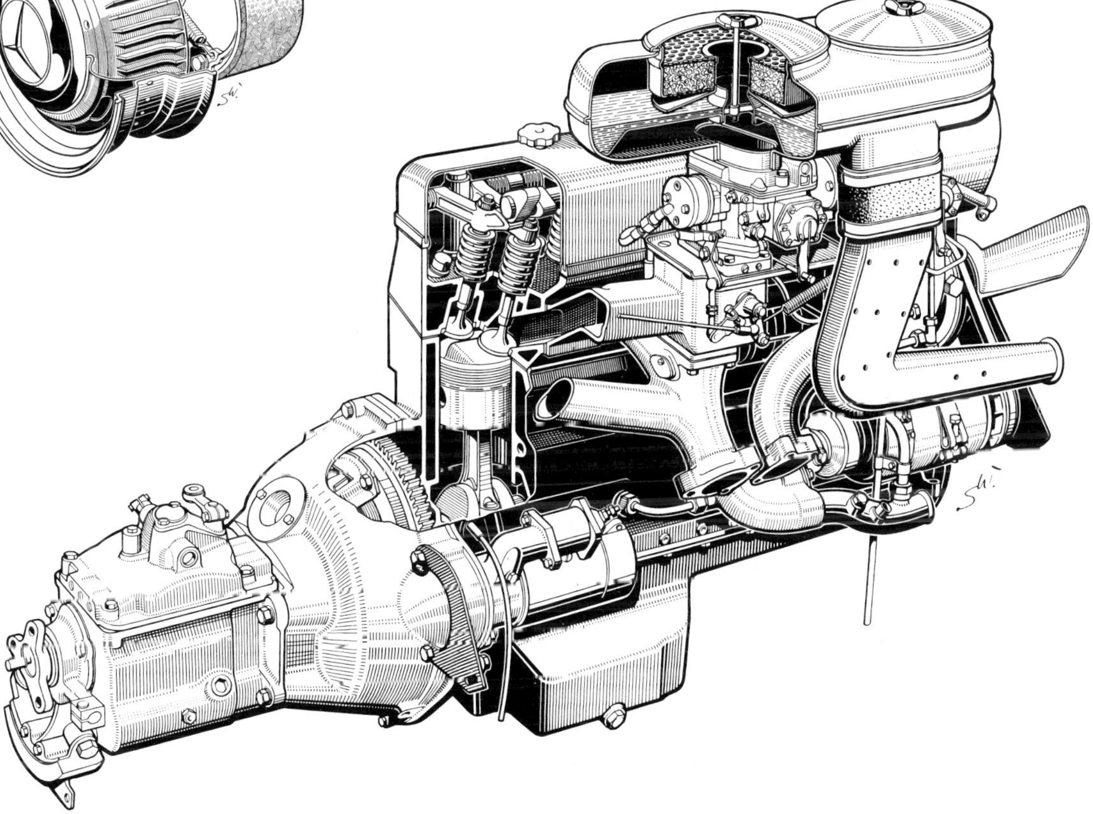

Es gehörte zur Tradition der großen schwäbischen Marke, dass der Kunde auf Wunsch einen maßgefertigten Koffersatz erhielt. Nicht ideal war die Unterbringung des Reserverades: Nach einem Radwechsel teilte sich der straßenbeschmutzte Reifen seinen Platz ungeschützt mit dem feinen Gepäck.

dem Lenkrad, mit dem auch die Blinker betätigt wurden, sowie die serienmäßig vorhandenen Nebelscheinwerfer. Die verbesserten, durch Unterdruck-Servo aktivierten Trommelbremsen wiesen eine Turboverrippung auf. Aber der große Mercedes war auch teurer geworden: Er kostetet jetzt 22 000 DM.

Ein Cabriolet D gab es ebenfalls wieder. Es wies wie die Limousine vorn angeschlagene Türen (im Gegensatz zum zeitgleich gebauten 220) auf sowie schwer verchromte Scheibenrahmen. 24 700 DM kostet das luxuriöse, 591-mal gebaute Auto – bei dem hohen handwerklichen Bauaufwand sicher kein kostendeckender Betrag. Sowohl Cabrio als auch die Limousine vom Typ 300b (intern: W 186/II/III) blieben bis August 1955 in Produktion, also nur knapp anderthalb Jahre, ehe der 300c erschien.

Mercedes-Benz 300c (W 186/IV)

Ab September 1955 bot Daimler-Benz den 300c an, eine Weiterentwicklung des 300b – in Details noch verfeinert und mit einer neuen Eingelenk-Hinterachse ausgestattet. Noch aber war der Sechszylinder unter der langen Haube ein Vergasermotor.

Auf den ersten Blick waren die Details, die den 300c vom Vorgängermodell äußerlich unterschieden, kaum auszumachen. Nur die Heckpartie des im September 1955 gezeigten neuen »Großen« machte es deutlich: Die Limousine hatte ein wesentlich größeres Heckfenster bekommen. Geblieben war die gediegene, mit viel Chromschmuck verzierte Traditionskarosserie gleicher Abmessungen. Auf Wunsch und gegen Aufpreis erhielt man das Prestigefahrzeug jetzt aber auch mit einer Getriebeautomatik, die aus einem hydraulischen Drehmomentwandler und einem Planetengetriebe mit drei Schaltstufen bestand. Damit erhöhte sich die Nachfrage in den

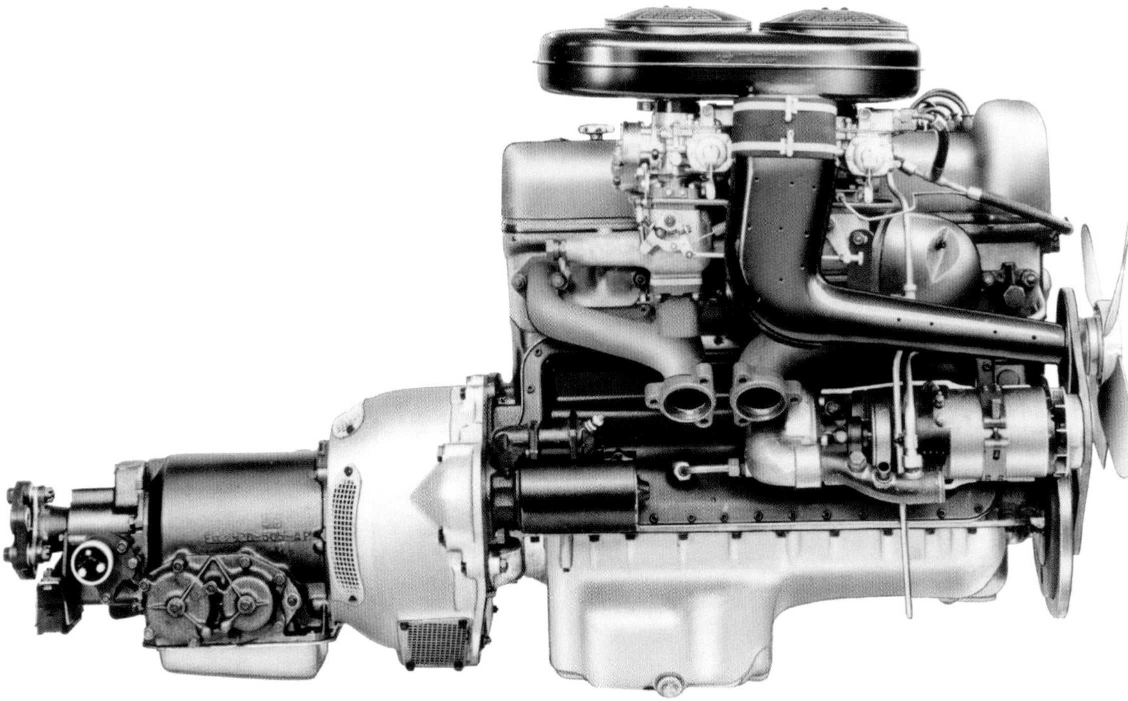

Das auf Wunsch lieferbare Automatikgetriebe bestand aus einem hydraulischen Drehmomentwandler und einem Dreistufen-Planetengetriebe. Der Wählhebel befand sich unter dem Lenkrad. Zu erkennen sind die beiden Register-Fallstromvergaser mit Ansaugrohr-Vorwärmung.

USA, wo Automatikwagen zur Regel geworden waren. Schon das Ford T-Modell hatte auf einen Schalthebel verzichten können – der amerikanische Autofahrer hatte sich seither mit einem »gear shift lever« nur schwer anfreunden können. Neu war auch die hintere Eingelenk-Pendelachse; die doppelten Schraubenfedern und die elektrisch zuschaltbare Drehstabfeder hatte man vom 300b übernommen.

Die Produktion des 300c währte bis Ende Juli 1957, weniger als zwei Jahre, in denen 1432 Stück das Werk verließen. Als Repräsentationsfahrzeug nicht nur der deutschen Bundesregierung, sondern auch vieler Regierungen und Königshäuser im Ausland, sah man den 300c vor allem in Bonn und in den Hauptstädten befreundeter Nationen; so gut wie jedes deutsche Generalkonsulat besaß mindestens ein Exemplar des 300c. Vielleicht sogar ein Cabriolet, das es in der D-Ausführung auch vom 300c gab. Doch von ihm wurden nur ganze 51 Stück angefertigt, denn wer das Vorgängermodell besaß, vermutlich mit einer nur sehr geringen Laufleistung, hatte keine Veranlassung, es gegen die nächste, äußerlich so gut wie identische Version einzutauschen.

Der 1957 bis 1962 gebaute Mercedes-Benz 300d.

Mercedes-Benz 300d (W 189)

Im September 1957 gab es noch einmal eine Neuauflage des Stuttgarter Traditionswagens, bezeichnet als 300d. Man hatte ihm die neue Baunummer W 189 gegeben, woraus ersichtlich ist, dass dieses Modell intern als Neukonstruktion betrachtet wurde, wenngleich alle wesentlichen Elemente mit denen des 300c identisch waren. Aber man hatte den Radstand auf 3150 Millimeter verlängert, die Gesamtlänge betrug jetzt 5190 Millimeter. Dass der Wagen dadurch auch schwerer geworden war, spielte keine große Rolle, denn der Sechszylindermotor gab nun 160 PS ab – dank Saugrohreinspritzung. Es handelte sich um das gleiche Aggregat, das es seit Herbst 1955 im 300 Sc Coupé (mit noch höherer Leistung) gab.

Bundespräsident Theodor Heuss und Wirtschaftsminister Ludwig Erhard 1957 auf der IAA. Links neben Heuss Daimler-Chefkonstrukteur Fritz Nallinger.

Den großen Dreihunderter gab es in jeder der vier Modellreihen auch als viertüriges Cabriolet, wie den hier gezeigten 300d. Durch den handwerklich enormen Bauaufwand ergaben sich lange Lieferfristen für ein solches Luxusautomobil.

Der in Hardtop-Charakteristik gehaltene Viertürer, bei dem sich sämtliche Seitenscheiben voll versenken ließen, kostete 27 000 DM und wurde bis zum März 1962 gebaut; 3077 Exemplare fanden einen Käufer. Ein Cabriolet D gab es ebenfalls, es wurde 66-mal angefertigt. Wie bei den Vorgängermodellen war für die Limousine eine Trennwand zum Fond erhältlich, bei der sich das Fenster elektrisch heben und senken ließ. Diese Wagen wurden mit einer Getriebeautomatik ausgeliefert.

Die Eingelenk-Pendelachse hatte dem Wagen beim Einfedern die X-Beinigkeit genommen, die früher für einen Mercedes typische Erscheinung, die als Gegenbewegung das Sich-Aufstellen der Achse zur Folge gehabt hatte. Die Straßenlage des Dreihunderters war auch unter widrigsten Umständen kaum mehr zu überbieten.

Im Verlauf seines langen Lebens erfuhr der 300d einige Änderungen im Interieur, zu denen Bedienungsknöpfe aus einem verformbaren Kunststoff sowie eine Lichthupe gehörten. Bereit ein volles Jahr vor Beendigung der Produktion dieses Modells erschien dessen Nachfolger, der Typ 300 SE in selbsttragender Ponton-Bauweise. Mit ihm begann eine neue Epoche im Topsegment bei Daimler-Benz.

Mercedes-Benz 300 S / Sc (W 188 / W 188 II)

Besucher des Pariser Herbstsalons 1951 konnten den ersten öffentlichen Auftritt eines Cabriolets erleben, das auf dem Stand der Daimler-Benz AG und ihrer französischen Repräsentanz Delecroix für Aufsehen sorgte. Kenner waren sich einig: Hier zeigte sich das schönste Fahrzeug der Ausstellung – wenn nicht gar des Jahrzehnts.

Das Auto war ein Derivat des Mercedes-Benz 300, hatte auch dessen Ovalrohr-X-Rahmen und Fahrwerk sowie den 2996-cm³-Sechszylindermotor unter der langen Haube. Doch dank höherer Verdichtung leistete er hier 150 PS, gut für ein Sprintvermögen, wie man es sonst nur bei einem

Trotz aller Massivität war der von 1952 bis 1958 gebaute Mercedes-Benz 300 S alles andere als schwerfällig. Der Dreiliter-Vergasermotor leistete 150 PS, der nachfolgende Einspritzer (ab 1955) sogar 175 PS. Für dieses Traumauto werden heute hohe Liebhaberpreise geboten.

Als 300 Sc mit Kraftstoff-Einspritzung verkörperte dieser Zweitürer – den es auch als Coupé gab – den Höchststand der Technik. Sie kontrastierte zum konservativen Erscheinungsbild des Wagens mit seinen akzentuierten Kotflügeln und Trittbrettern.

Porsche kannte. Dabei brachte der 300 S mit zwei Personen und Gepäck an die zwei Tonnen auf die Waage!

Als Cabriolet A entsprach die Architektur des fast 35 000 DM teuren Zweisitzers klassischer Mercedes-Tradition. Die ersten Serienfahrzeuge kamen nicht vor Juli 1952 auf den Markt. Es gab den Wagen auch als sogenannten Roadster mit leichtem Sommerverdeck sowie als Coupé mit festem Stahldach – exklusiver gings kaum. Da der Radstand mit 2900 Millimeter nicht sehr viel geringer war als bei der Limousine, gab es im Fond Platz für eine schmale Notsitzbank (für Erwachsene weniger geeignet als für Kinder oder einen Hund), und der Kofferraum wies Dimensionen auf wie bei einem amerikanischen Straßenkreuzer. Die in Bern erscheinende Zeitschrift *Automobil Revue* hielt es den Stuttgartern zugute, dass sie

moderne Technik des W 188 in »ein Fahrzeug mit konservativer Linienführung gepackt haben, ohne Zuflucht zur Aerodynamik«. Heute würde man von »Retrodesign« sprechen.
Um satte 25 auf 175 PS wurde die Motorleistung im September 1955 noch einmal angehoben, als die Vergaseranlage durch ein von Bosch zugeliefertes Einspritzsystem abgelöst wurde. Der als 300 Sc bezeichnete Wagen (intern: W 188 II) wog 20 Kilogramm mehr als sein Vorgänger, ließ sich aber auf 180 km/h beschleunigen. Serienmäßig wies er Brems-Servo und Trockensumpfschmierung auf, die neun Liter Öl zirkulieren ließ.
Vom 300 S produzierte man in Stuttgart 560 Exemplare, vom 300 Sc, der bis zum April 1958 gebaut wurde, hingegen nur 200. Der Sammlerstatus war bei diesen Fahrzeugen schon aufgrund ihrer Rarität programmiert.

In nur wenigen Exemplaren entstand der 300 Sc auch als sogenannter Roadster. Hier ersetzte ein leichtes, voll versenkbares Sommerverdeck die schwere Konstruktion beim »normalen« Cabrio. Lenkradschaltung galt damals nicht als unsportlich, sondern wurde als Komfortattribut gewertet.

Ab 1953 vollzog sich ein konstruktiver wie stilistischer Wandel im Karosseriebau bei Daimler-Benz: Es erschienen die »Ponton«-Aufbauten. Hier einer der ersten 220a vom Juli 1954, präsentiert sechs Monate nach dem Typ 180.

Mercedes-Benz 220a (W 180)

Die von Daimler-Benz angebotene, aus dem Basismodell 170 hervorgegangene Vierzylinder-Baureihe 180 mit selbsttragender Pontonkarosserie dokumentierte seit April 1953 die in Stuttgart vollzogene Wende im Automobilbau. Die konservative, aus den Baumustern der 1930er-Jahre abgeleitete Linie mit separatem Chassis und einer Karosserie mit akzentuierten Kotflügeln gab es 1953 nur noch beim englischen Riley RM und beim französischen Citroën Traction Avant – und beim Mercedes-Benz 220.

Dieses Modell wurde in seiner hergebrachten Ausführung noch bis zum Sommer 1954 angeboten, bevor auch der klassischen 2,2-Liter-Sechszylinder mit einer modernen, selbsttragenden Karosserie seinen Vorgänger ablöste.

Die intern als Modell W 180 bezeichnete Limousine wurde zum Standard der gehobenen Klasse, so wie der 300 in der Topliga ab 1951 neue Maßstäbe gesetzt hatte (erst recht sein Nachfolger 300 SE, der exakt zehn Jahre später erschien). Der Ponton-220 wurde – wie erwartet – ein Export schlager. Mit diesem Auto eroberte Daimler-Benz auch im Ausland Terrain

Die völlig neuen Ponton-Modelle in selbsttragender Bauweise unterschieden sich augenfällig vom Design der bisherigen Baureihen, von denen im Hintergrund die Dreihunderter zu sehen sind. Die Aufnahme entstand 1954 auf dem Genfer Salon.

Die Illustration macht deutlich, welch stilistische Verwandtschaft des Ponton-Modells zum Chassis-Fahrzeug bestand (rechte Seite).

Nicht nur in seinem Aussehen war der 220a von 1954 ein ganz neuer Mercedes-Benz. Er wies auch zahlreiche technische Weiterentwicklungen auf, zu denen die Eingelenk-Pendelachse mit tief liegendem Drehpunkt vom 300c zählte.

in einem Segment zurück, das zuletzt zunehmend von anderen Herstellern besetzt worden war, beispielsweise von Opel und Borgward.

Der 220a stellte eine völlige Neuentwicklung dar, mit Ausnahme vom Motor. Aber auch bei dem gab es ein paar Verbesserungen, etwa in Gestalt eines Zylinderkopfes aus Leichtmetall statt Grauguss. Er wog fast 15 Kilogramm weniger und sorgte zudem für einen besseren thermischen Wirkungsgrad, in 85 statt wie bisher 80 PS resultierend. Und ein effizienteres Ölfiltersystem erlaubte das Heraufsetzen der Ölwechsel-Intervalle von 1500 auf 4000 Kilometer. Neu war auch die 12-Volt-Elektrik, die bisher nur der 300 hatte. Das Getriebe glich dem im Modell 180, wenn auch mit anderen Abstufungen.

Am 220a fand erstmals die neue Eingelenk-Pendelachse mit tief liegendem Drehpunkt aus dem Rennwagenbau Anwendung, die auch der große 300b bekam; durch die längeren Pendelarme stellten sich die Hinterräder beim Einfedern nicht mehr so stark auf, was eine bessere Spurhaltung bewirkte und die Straßenlage spürbar verbesserte. Auch wurden die Reifen (Dimension 6.70-13) weniger stark beansprucht und hielten länger. Leider gab es anfangs noch keine Servobremsen, was einen relativ hohen Pedaldruck erforderte.

Der Erfolg des 220a, der für 12 000 DM einen hervorragenden Gegenwert fürs Geld darstellte, geht aus der Stückzahl von fast 26 000 Exemplaren hervor, die bis zum April 1956 hergestellt wurden.

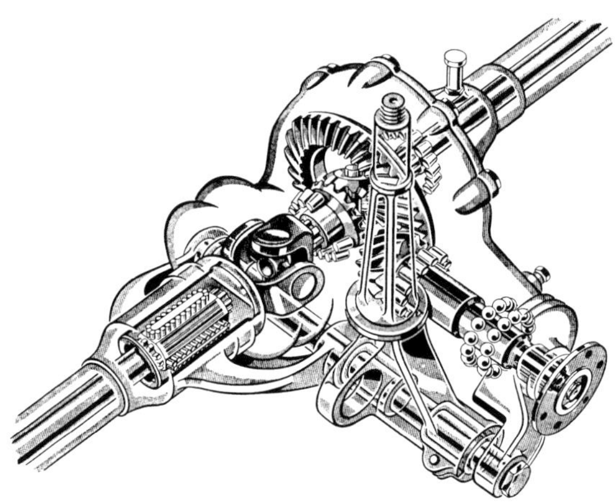

MAIWALD

298
225
W84-5943

255
W84-8070

Mercedes-Benz und Motorsport gehören seit jeher zusammen. Auch auf zahlreichen Langstrecken-Wettbewerben bewiesen Serienlimousinen immer wieder ihre hohe Belastbarkeit. Auftritte im Ausland wie bei der Rallye Monte-Carlo waren dabei von besonderer Bedeutung, denn hier war man der Aufmerksamkeit eines internationalen Publikums sicher. Jeder Erfolg eines Mercedes-Benz schlug sich in steigenden Absätzen nieder.

Der Mercedes-Benz 219 erschien 1956 als etwas einfachere Ausführung des Modells 220 S. Er ließ sich ausgezeichnet verkaufen.

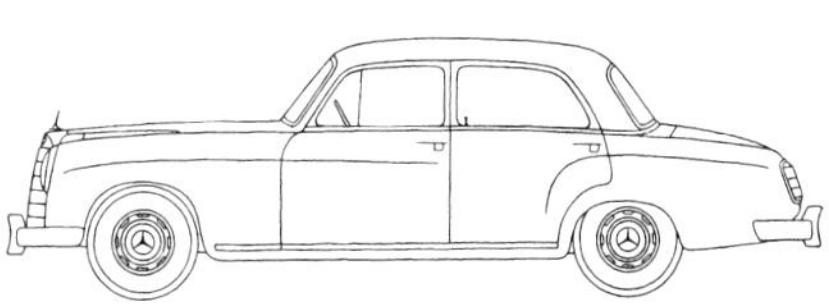

Mercedes-Benz 219 (W 105)

Mit dem im März 1956 eingeführten Modell 219 plante Daimler-Benz eine Käuferschaft zu erreichen, die einerseits Wert auf alle Qualitäten eines Oberklassewagens legte, andererseits auf einigen Luxus zu verzichten bereit war, der hoch zu Buche schlug. Das neue Baukastenprinzip, von dem ja auch die Vierzylinder profitierten, ermöglichte einen solchen »Mischtyp«, der im Grunde ein 190 mit Sechszylindermotor und längerem Radstand war. Mit 1260 Kilogramm wog der 219 etwas weniger als der 220a, und mit 148 km/h Spitze war er fast ebenso schnell wie jener. Der in einer Auflage von 27 845 Stück gebaute 219 war bis Juli 1959 zu bekommen und kostete 10 500 DM.

Im Vergleich zum 220a und 220 S fehlten beim 219 unter anderem die zweite Zierleiste am Schweller und der verchromte Steinschlagschutz am hinteren Radlauf. Die Leistung von 85 PS war mit der vom 220a anfangs identisch, doch ab August 1957 betrug sie 90 PS.

Mercedes-Benz 220 S (W 180 III)

Den 220a löste im März 1956 der 220 S ab, der zugleich mit dem 219 vorgestellt wurde. Der Unterschied zu seinem Vorgänger lag in erster Linie in der auf 100 PS angehobenen Motorleistung, die ab August 1957 sogar 105 PS betrug. Äußerlich ließ sich der bis August 1959 angebotene 220 S vom 220a durch eine lange, leicht geschwungene Zierleiste unterscheiden, die in der Sicke des vorderen Kotflügels verlief und sich in der Tür fortsetzte. Im Interieur gab es mehrere Aufwertungen, vor allem ein neues Armaturenbrett mit waagerechtem Tacho – sehr gewöhnungsbedürftig. Im Vergleich zum 220a war der S-Typ ferner weicher gefedert, fast in amerikanischer Diktion, was zwar als Komfortattribut zu gelten hatte, aber keine so sportliche Fahrweise mehr zuließ. Mit 12 500 Mark kostete das Auto nicht mehr als sein Vorgänger und fand 55 279 Käufer. Damit war der 220 S der bisher meistgebaute Sechszylinder aus dem Hause Daimler-Benz.

Die Dachlast sollte 50 Kilogramm eigentlich nicht übersteigen; kritisch aber dürften vor allem die Auftriebskräfte unter dem Bootsrumpf bei schneller Autobahnfahrt sowie das Seitenwindverhalten einer solchen Fuhre gewesen sein.

49
49
S-C 226

Vom 220 S war das SE-Modell äußerlich nur durch geringfügige Details zu unterscheiden. Gemessen an heutigen Standards begnügte man sich Ende der 1950er-Jahre noch mit sehr kleinen Rück- und Bremsleuchten.

Mercedes-Benz 220 SE (W 128)

Ein äußerlich so gut wie unveränderter Mercedes-Benz 220 S debütierte auf der IAA 1958, der indes einen weiteren Buchstaben in seiner Modellbezeichnung führte: Das war der Typ SE. Das E stand für Einspritzung. Mit dieser Technik, die im Rennsport ihre Bewährungsprobe längst absolviert hatte, war ja auch der 300d versehen. Im 220 SE aber gab es eine andere

Einspritzpumpe. Sie arbeitete statt mit sechs nur mit zwei Stempeln, wobei das Benzin über zwei Verteilerblöcke zu den Einspritzdüsen in den Ansaugkanälen befördert wurde. Die neue Pumpe zerstäubte feiner und arbeitete dadurch wirtschaftlicher. Mit 115 PS Motorleistung aus 2195 cm^3 Hubraum ließ sich der 220 SE in nur 14,8 Sekunden von null auf 100 km/h beschleunigen, die Spitze lag bei 165 km/h. Dieses nur elf Monate lang gebaute Modell (1974 Stück) stand mit 14 400 DM in der Preisliste.
Von bestechender Eleganz waren die Cabriolet- und Coupé-Varianten des 220 S und SE. Die längst zu gesuchten Liebhaberstücken avancierten Zweitürer waren bei ihrer Vorstellung als Cabriolet A/C bezeichnet worden: A stand für einen Zweisitzer mit Notsitzbank hinten, war also ein 2+2,

Die Kraftstoff-Einspritztechnik hatte im Rennsport ihre Effizienz hinlänglich bewiesen, als sie von Daimler-Benz in den Pkw-Serienbau übernommen wurde. Der 220 SE, ab Oktober 1958 produziert, kostete 1900 DM mehr als der gleiche Wagen mit Vergasermotor und hatte eine mechanische Zweistempel-Einspritzpumpe vom Zulieferer Bosch. Bei etwa gleicher Endleistung verbrauchte der Sechszylinder weniger Benzin.

Die Modelle 220 S/SE wurden auch als Cabrios geliefert. Vom 220a gab es serienmäßig kein Cabrio. Der Wagen unten scheint ein Versuchsmuster zu sein.

während die Ausführung C im Fond zwei Vollsitze aufwies. Doch in der Serienausführung gab es nur ein als 220 S bezeichnetes Cabrio als 2+2, dessen Verdeck voll versenkbar war. Bei fast gleicher Länge war das Cabriolet 5 Zentimeter breiter als die Limousine, wies reichlich Chromzierat auf und war wie die Limousine mit Lenkradschaltung ausgestattet – das war vor

MOTEL
RESTAURAN
S-HC 381

Mercedes-Benz 220 SE Coupé, angeboten 1958 bis 1960. So viel Exklusivität hatte ihren Preis: Mit 23 400 DM kostete der 2+2 so viel wie sechs VW Standard …

allem dann praktisch, wenn man statt der vorderen Einzelsitze eine Sitzbank bestellte und zu dritt unterwegs war. Bei dem baugleichen Coupé ließ sich die Rückenlehne im Fond umlegen und bildete mit der nach vorn geklappten Sitzfläche eine große Gepäckablage.

Als beim 220 S der Einspritzmotor eingeführt wurde, rangierten auch Cabrio und Coupé als SE-Modelle. Der Preis von 23 400 DM war ihrer Exklusivität angemessen. Von den Vergaser-Modellen entstanden 3429 Stück, die Einspritzer-Cabriolets und Coupés brachten es bis November 1960 auf 1942 Stück.

S-HC 381

Den Übergang von den 1950er- zu den 1960er-Jahren markierten in der Mercedes-Benz-Modellgeschichte die Autos der Heckflossen-Generation. Den Anfang machte der W 111 in Gestalt des 220b, 220 Sb und 220 SEb. Ihre ohc-Sechszylindermotoren erwiesen sich als extrem zuverlässig und auch langlebig – was man von den Karosserien allerdings nicht behaupten konnte. In jener Epoche des Karosseriebaus wurde durch unaufhaltsamen Rostfraß viel Substanz vernichtet.

Mercedes-Benz 220 b/S b/SE b (W 111)

Ein weiterer Spross der späten 1950er-Jahre war die ab August 1959 hergestellte und bis Ende Juli 1965 produzierte Oberklassen-Baureihe W 111. Die etwas rundlichen Formen des Ponton-Designs waren einer strengeren Linienführung mit akzentuierten Heckflossen gewichen; die Frontpartie gab sich massiver und eindrucksvoller, und die Frontscheibe war erheblich vergrößert worden. Überarbeitet und wieder etwas sportlicher ausgelegt hatte man auch das Fahrwerk – beibehalten wurden nur die Motoren. Der mit 11 500 DM sehr preiswerte 220b durfte als Nachfolger des 219 angesehen werden und hatte wie der besser ausgestattete 220 Sb eine Solex-Vergaseranlage. Beide Modelle zusammen brachten es innerhalb von sechs Jahren auf fast 221 000 Stück. Perfektioniert wurden diese Fahrzeuge in der zweiten Bauserie durch vordere Scheibenbremsen.
Von vornherein mit einem 120 PS starken Einspritzmotor sowie Servobremsen trat der 220 SEb an, der im gleichen Zeitrum produziert wurde und mit 14 950 DM Einstandspreis eine gute Investition darstellte. Er erwies sich als extrem langlebig, bewies seine Qualitäten in zahlreichen Langstreckenrennen und war ab 1963 auch mit pneumatischer Zusatzfederung für schwere Zuladungen erhältlich. Die überlebenden Exemplare der Baureihe W 111 gehören zu den großen Ikonen unter dem Zeichen des Mercedes-Sterns.

Vergasermotor (oben) des 220 Sb und Einspritzmotor (unten) des 220 SEb. Im Unterschied zu vielen im 21. Jahrhundert herausgegebenen Werbemitteln enthielten die Prospekte jener Ära noch Illustrationen, die selbst einem Laien Technik anschaulich näherzubringen vermochten.

Der 220b unterschied sich äußerlich durch die kleinen Heckleuchten (oben) und eine einfache Stoßstange vom 220 Sb/SEb (Foto darunter).

Die Sicherheitskonstruktion des Wagenkörpers mit Knautschzellen vorn und hinten geht auf Arbeiten des Ingenieur Béla Bareniy zurück, der auch die Teleskop-Lenksäule mit Pralltopf und viele andere Sicherheitsdetails schuf (oben rechts).

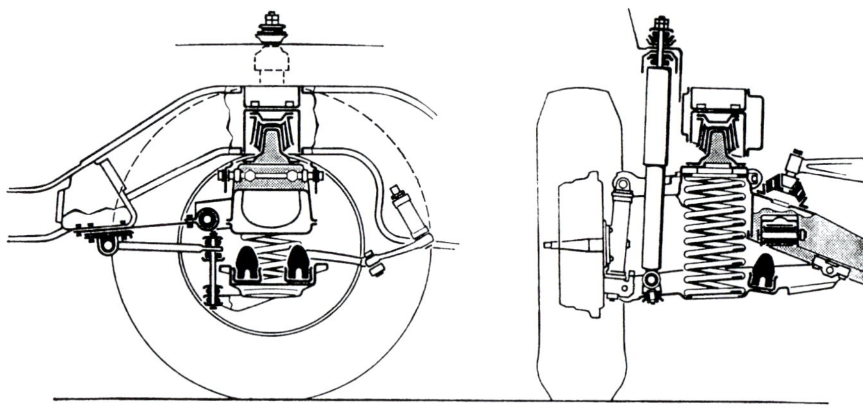

Die Vorderachse (Bild Mitte) der Baureihe W 111 besaß nach vorn geführte elastische Streben und einen Torsions-Stabilisator (linke Zeichnung = Seitenansicht, Fahrtrichtung von rechts nach links).

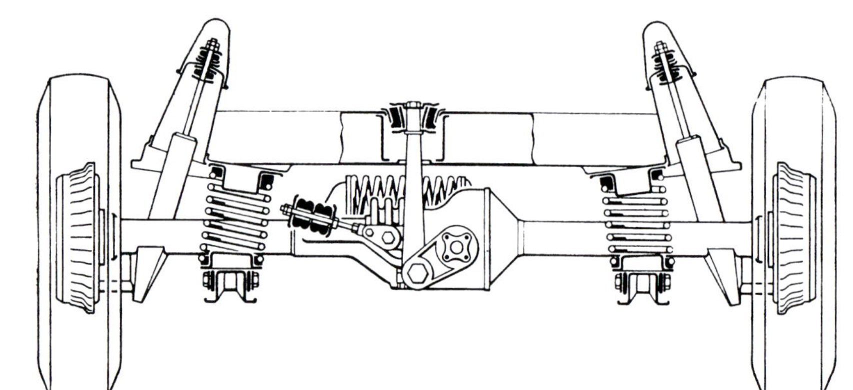

Eingelenk-Pendelachse (unten).

S-JK 790

LON DE L'AUTOMOBILE
31me SALON DE
S-LU 721

Das 220 SE Coupé, gezeichnet vom Designer Paul Bracq, war an Noblesse kaum zu schlagen. Die Proportionen dieses Wagens harmonieren aus jedem Blickwinkel. Technische Perfektion verstand sich von selbst.

Ende 1957 machte sich das Team um Designchef Karl Wilfert mit dem aus Frankreich kommenden Stilisten Paul Bracq daran, auf der Basis der 220er-Limousine ein fünfsitziges Coupé zu entwickeln. Doch erst im September 1960 ging eine Nullserie dieses schicken Wagens in die Fertigung – übrigens flossenlos, aber mit Scheibenbremsen an den Vorderrädern. Im September 1961 folgte eine Cabrioversion. Doch bei aller gestalterischen Nähe zu den Limousinen gab es beim Coupé und beim Cabrio kein Karosserieteil, das man auch bei der Limousine gefunden hätte.

Baugleich gab es später diese Modelle auch als 300 SE, 250 SE und 280 SE. Der letzte Vertreter dieser Baureihe W 111 bzw. W 112 (300 SE) verließ das Werk im Mai 1971.
Mit Preisen zwischen 23 500 und 35 000 DM rangierten die attraktiven Zweitürer ganz oben im Mercedes-Katalog.

Opel-Werbung aus der Zeit vor dem Ersten Weltkrieg. Der »Herrenfahrer« mit Prinz-Heinrich-Mütze und hochgeschlagenem Mantelkragen steht für Überlegenheit und Seriosität.

Opel: Hessischer Traditionsanspruch

Der Automobilhersteller Opel gehörte zu jenen Unternehmen, die schon zu Anfang des 20. Jahrhunderts erkannt hatten, dass eine Präsenz in mehreren Segmenten nicht nur eine Verteilung wirtschaftlicher Risiken bedeutet, sondern auch der weitgefächerten Steigerung des Marken-Bekanntheitsgrades nützt. Vorausgesetzt, die Produkte halten, was der Hersteller für sie reklamiert. Und der Werbeslogan »Opel, der Zuverlässige« war kein leeres Versprechen.

Bis 1939 hatte Opel seinen Status als unangefochtener Marktführer in Deutschland etabliert. Wobei sich schon vor dem Ersten Weltkrieg eine treue Opel-Kundschaft im Kleinwagensektor gebildet hatte, während parallel dazu riesige Luxuskarossen und hubraumstarke Grand-Prix-Rennwagen entstanden sowie eine breite Mittelklasse-Modellpalette. An Opel kam man als Autointeressent nicht vorbei. Der letzte ganz große Opel, bevor Admiral und Kapitän erschienen, war der 1929 vorgestellte 6,0-Liter-Achtzylinder namens Regent, der es an Prestige mit jedem Horch oder Mercedes aufnahm. Dann traten nach längerer Pause 1938 die Modelle Kapitän und Admiral auf den Plan. Erstgenannter mit 2,5-Liter-ohv-Motor wies eine moderne Ganzstahlkarosserie in selbsttragender Bauweise und mit vorderen Schraubenfedern auf. Der 3,6-Liter-Admiral hatte noch einen traditionell gefertigten Aufbau auf einem Kastenrahmen.

Kapitän-47

Der Vorkriegskapitän war es, mit dem die Adam Opel AG ab Ende 1948 wieder im Segment der großen Reisewagen vertreten war, nachdem auch die neue, im Juni eingeführte DM-Währung in Westdeutschland wirtschaftliche Stabilität versprach.

Gegenüber dem Modell von 1939 wies der Kapitän-47, wie er genannt wurde, einige Änderungen auf: Er hatte zum Beispiel runde statt eckig geformte Scheinwerfer in den Kotflügeln und eine etwas geänderte Stoßstange, und es gab auch nur eine viertürige Limousine, keinen Zweitürer und kein Cabriolet mehr. Der 2473-cm^3-Sechszylindermotor mit

hängenden Ventilen war der gleiche geblieben und war auch im Opel Blitz zu finden, jenem bewährten Nutzfahrzeug, dessen Herstellung noch vor den Personenwagen – und zwar bereits im Juli 1946 – wieder aufgenommen worden war. Nicht jedermann war der neue Kapitän sogleich zugänglich: Vorrangig beliefert wurden die in Westdeutschland stationierten Besatzungsmächte.

Mit seiner selbsttragenden Ganzstahlkarosserie und schraubengefederter vorderer Einzelradaufhängung an doppelten Querlenkern gehörte der Kapitän zu den wirklich fortschrittlichen Konstruktionen seiner Zeit. Sein Design war an amerikanische Vorbilder angelehnt, aber es gab noch eine Mittelschaltung, die erst im Mai 1950 durch eine moderne Lenkradschaltung abgelöst wurde (Kapitän-47/1950). Die 126 km/h schnelle Limousine mit ihrem auf dem Heckdeckel platzierten Reserverad kostete nicht mehr als 9950 DM und wurde bis Februar 1951 in einer Auflage von 30 431 Exemplaren fabriziert.

Weitgehend entsprach der erste Nachkriegs-Kapitän dem Modell von 1939. Die Karosserielinien lehnten sich an amerikanische Vorbilder an, schließlich gehört Opel zur General-Motors-Gruppe. Auch der 2,5-Liter-Sechszylindermotor war eine Konstruktion der 1930er-Jahre und hatte sich unter anderem in Opel Nutzfahrzeugen bestens bewährt.

89-4439

Kapitän-51

Der dem Modell von 1947 folgende, ab März 1951 erhältliche neue Kapitän war so etwas wie ein europäischer Amerikaner; Opels Zugehörigkeit zum GM-Konzern dokumentierte sich im Erscheinungsbild dieses Wagens sehr deutlich: Er hätte auch als Chevrolet bezeichnet werden können. Im technischen Aufbau entsprach der Wagen seinem Vorgänger, nur leistete der Sechszylindermotor dank etwas höherer Verdichtung jetzt 58 statt 55 PS, gut für 130 km/h. »Vom technischen Standpunkt aus wichtig ist, dass Opel als erste deutsche Automobilfabrik darauf verzichtet, die Fahrzeuge den üblichen Einfahrvorschriften zu unterwerfen«, schrieb der

1951 bis 1953 bot Opel diesen Kapitän im Chevrolet-Look an. Als sogenannter Kapitän-51 wurde er 48 562-mal gebaut (linke Seite).

Unterwegs im Kapitän-51. Das Auto war ein komfortabler und geräumiger Reisewagen.

Wer sich es in den 1950er-Jahren leisten konnte, ins Ausland zu verreisen, steuerte südliche Gefilde an. Es fällt bei diesem Mittelmeer-Foto die relativ hohe Gürtellinie des Kapitän-51 auf. In der B-Säule steckt der Klappwinker als Richtungsanzeiger.

Motorjournalist Werner Oswald in der Zeitschrift *auto motor und sport*. »Dies ist dem Werk dank einer neuen Anlage möglich, die jeden Motor vor dem Einbau gründlichst reinigt, indem durch ihn während eines halbstündigen Laufes 300 Liter Öl mit einem Druck von 8 atü hindurchgepresst werden.« Einfahrvorschriften mit einem Öltausch nach spätestens tausend Kilometern waren damals gang und gäbe. Ebenso erfreulich war die Nachricht, dass Opel mit Einführung der neuen Modelle die Preise gesenkt hatte. Heute kaum mehr vorstellbar …

Das Haus Opel hob in seiner Werbung hervor, dass der Kapitän serienmäßig über einen von außen zugänglichen Kofferraum, ein Kühlwasserthermometer, ein Zweispeichen-Lenkrad sowie geschmackvolles Material im Interieur aufweise. Die von 4620 auf 4715 Millimeter Gesamtlänge gewachsene Limousine (der Wachstumtrend setzte sich später fort) wurde bis zum Juli 1953 gebaut und fand 48 562 Käufer. Zufriedene Käufer: Der Kapitän bot ihnen keinen Anlass, sich über Mängel zu beklagen!

Kapitän-54

Vier Eigenschaften, so analysierte der Autotester Oswald in der *auto motor und sport*, verdanke der Hersteller Opel die anhaltenden Verkaufserfolge seiner Modelle: »Ihrer Preiswürdigkeit, ihrer Wirtschaftlichkeit, ihrer Zuverlässigkeit und Lebensdauer«.

Der amerikanischen Gepflogenheit folgend, ein neues Modell noch im Jahr seiner Vorstellung und Markteinführung als das des kommenden Jahres zu bezeichnen, erschien im Herbst 1953 der als Kapitän-54 figurierende Nachfolger des ablösungsreifen Modells von 1951. Dieser mit 9500 DM Basispreis wieder einmal sehr preisgünstige Wagen stellte in vieler Hinsicht eine Neukonstruktion dar (Motor und Antrieb ausgenommen), was sich auch äußerlich dokumentierte. Die Pontonform samt Kühlerpartie war eine maßstäbliche Vergrößerung der Karosserie des ebenfalls neuen Opel Olympia Rekord – oder umgekehrt; auf eine große

Der Kapitän-54 konnte mit einer gänzlich neuen Form aufwarten, war etwas länger als sein Vorgänger und hatte auch einige zusätzliche PS unter der Motorhaube. Hier scheinen sich Ausstellungsbesucher aus Nordafrika für den mit »GM France« gekennzeichneten Wagen zu interessieren, ausgestellt auf dem Pariser Salon 1953.

STA-KC 99

Familienähnlichkeit legte man offensichtlich viel Wert. Die hinteren Türen des vergleichsweise sehr viel geräumigeren Wagens öffneten sich nicht mehr nach vorn.

Er sei gegenüber seinem Vorgänger ein »völlig anderer Wagen geworden«, konstatierte Oswald in einem Testbericht, erschienen im Januar 1954. Er schrieb unter anderem. »Der Komfort dieses Wagens dokumentiert sich in einer bemerkenswerten Bequemlichkeit, reichhaltigen Ausstattung und leichteren Bedienbarkeit ...« Er lobte die hervorragende Sicht, den großen Kofferraum, die geniale Heiz- und Entfrostungsanlage (Oswald testete den Wagen im Winter). Diese Anlage war zwar für den deutschen Markt serienmäßig vorhanden, wurde dennoch mit 160 DM Aufpreis berechnet. Das als »ausgesprochenes Erfolgsmodell« bezeichnete Auto war auch eines – es blieb bis Juli 1955 im Programm und wurde 61 543-mal gebaut.

Ein weiterer Kapitän-54, hier auf Passfahrt in den Dolomiten.

Kapitän-54 vor der Kulisse des Schlosses Langenburg im Hohenloher Land (linke Seite).

Stromlinienform auch im Detail: Rückleuchte mit integriertem Blinker beim Kapitän-54.

Gegenüber dem Vorgängermodell waren beim Kapitän-54 die hinteren Türen an der B-Säule angeschlagen, und die Windschutzscheibe war einteilig.

Kapitän-56

Man sah es auf den ersten Blick: Der Opel Kapitän Modell 1956 besaß die gleiche Karosserie wie sein unmittelbarer Vorgänger, war aber mit einer neuen Frontpartie versehen worden, die dem Wagen ein attraktiveres Aussehen gab. Auch Windschutz- und Heckscheibe hatte man vergrößert. Die im September 1955 präsentierte Limousine war ab Mai 1957 auch in einer L-Version zu bekommen – L wie Luxus. Dieser zeigte sich durch etwas mehr Chrom und eine gepolsterte Sicherheits-Armaturentafel sowie Vordersitze mit Liegebeschlägen (es übernachtete zwar kaum jemand im Kapitän, aber für eine Siesta auf langen Touren taugten Liegesitze durchaus). Bis Februar 1958 blieb der Kapitän-56 im Programm, war ab Herbst 1956 auch mit Overdrive zu haben und setzte im Verkauf wieder einmal eine Rekordmarke: Es verließen 92 555 Kapitäne dieser Baureihe die Bänder. Der 75 PS leistende Sechszylinder war noch immer der gleiche, kam infolge seiner Elastizität mit drei Gängen aus und bewegte sich mit

Im September zeigte Opel den Kapitän des Modelljahrgangs 1956. Die Karosserie war im Grunde dieselbe, hatte jedoch ein paar Retuschen erfahren. Signifikant war vor allem der neue Kühlergrill. Immer noch kostete der Wagen ab Werk weniger als 10 000 DM, dafür erhielt man einen ausgezeichneten Gegenwert.

OPEL
AH 89 4624

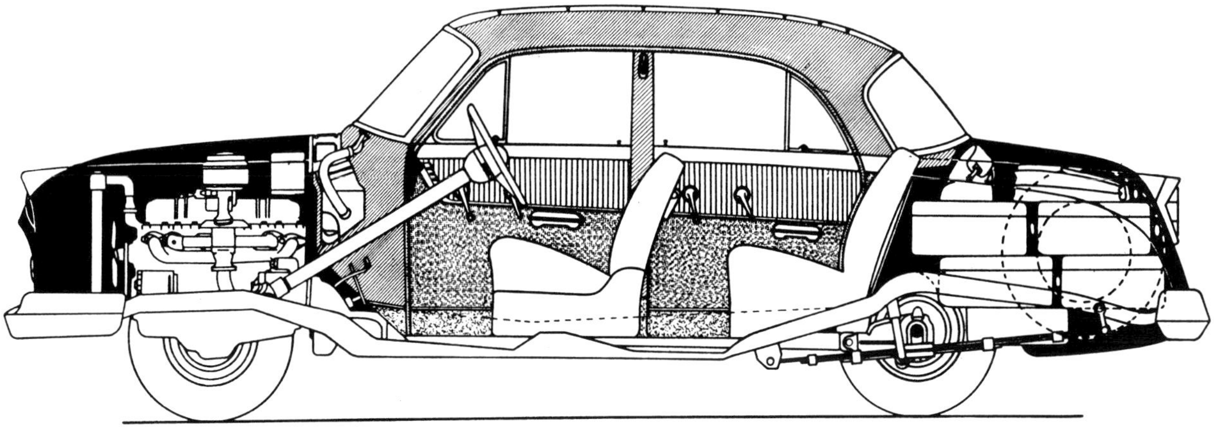

12 Litern Benzin auf 100 Kilometer in einem Rahmen, der für ein 1650-kg-Automobil (beladen) allgemein als akzeptabel erachtet wurde.
Viele Geschäftsleute, denen es in den 1950er-Jahren gelungen war, sich wieder zu etablieren, schworen auf den Opel Kapitän, weil sie schon in den Vorkriegsjahren mit Qualitätsfahrzeugen aus Rüsselsheim gute Erfahrungen gemacht hatten.
Mit konservativer, aber zuverlässiger und anspruchsloser Technik in einem nach jüngster US-Mode (und die gab im Styling zunehmend die Richtung vor) geschneiderten Kleid, einem günstigen Anschaffungspreis sowie einem relativ dichten Kundendienstnetz wurde Opel allen Ansprüchen gerecht. Gerade der Erfolg des Kapitän-56 dürfte von Daimler-Benz mit viel Aufmerksamkeit verfolgt worden sein. Der Stern aus dem Schwabenland mochte ein höheres Prestige genießen, doch kluge Rechner kamen am Opel nicht vorbei, zumal auch dessen Wiederverkaufswert beachtlich war.

Platz gab es im Kapitän reichlich, sowohl für die Insassen als auch für das Gepäck.

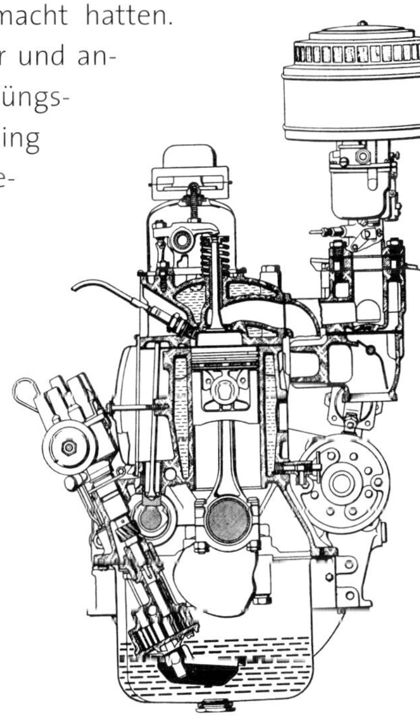

Der Motor im Kapitän-56 war im Grundaufbau noch immer der alte Sechszylinder aus der Vorkriegszeit.

Kapitän P 2,5

Die Karriere des Kapitän-56 war so brillant verlaufen, dass sich Opel dazu verleiten ließ, Vabanque zu spielen. Statt es bei vorsichtigen Schritten in Gestalt von Detailverbesserungen zu belassen, um auf Nummer sicher zu gehen, kam es zu einer Art Radikalreform: Es entstand ein völlig neues Auto – am Opel-Kapitän-Kunden vorbeigestylt.

Der als Kapitän P 2,5 bezeichnete, im Juni 1958 eingeführte Nachfolger des Modells von 1956 gehört zu den ganz seltenen Ausnahmen, die in der Opel-Geschichte als Misserfolg erscheinen. Der Opel-Historiker Eckhart Bartels sah es so: »Der Erfolg des Panorama-Rekord führte zu dem Trugschluss, auch dem Sechszylinder-Opel diese Karosserieform geben zu müssen.« Denn der Olympia-Rekord Modelljahrgang 1958–1960 wies eine bildschöne Karosserie mit Panoramascheiben vorn und hinten auf, ein Fahrzeug, das sich innerhalb von zwei Jahren weit über 500 000-mal

Ein Opel Rekord in vergrößerter Ausgabe: So präsentierte sich der 58er-Kapitän. Ein attraktiver Wagen, dem dennoch der Erfolg des Vormodells versagt blieb.

verkaufen ließ. Doch beim Versuch, den gleichen Chic auf die Dimensionen des Kapitän zu übertragen und dabei das Hardtop-Design nach amerikanischem Muster beizubehalten, fiel die Breite der hinteren Türen zu gering aus. So elegant der Kapitän P daher kam, so unpraktisch war er als Vier- oder Fünfsitzer, obwohl sein Radstand um 5 Zentimeter zugenommen hatte. Dabei gab die bewährte und immer wieder optimierte Technik zu keinen Klagen Anlass; der elastische Sechszylinder mit jetzt 80 PS taugte für 145 km/h. Neu waren ein 55 statt bisher 45 Liter fassender Kraftstofftank, vergrößerte Bremstrommeln und breitere Reifen.
Ein Jahr nach dem Erscheinen schlug für den Kapitän P 2,5 bereits die letzte Stunde. Der 10 250 DM teure Luxuswagen wurde ab August 1959 durch den Kapitän P 2,6 ersetzt.

Trotz seiner Dimensionen ging es im Opel Kapitän P 2,5 beengt zu, wenigstens im Fond. Da aber gerade dieses Modell ein Auto sein sollte, in welchem sich Mitfahrer im Fond chauffieren ließen, fiel der 58er-Kapitän bei dieser Käuferschicht durch – sie sahen in ihm nur einen Zwei-plus-zwei-Sitzer.

Opel Kapitän P 2,6. Das neue Modell konnte wieder mit größeren hinteren Türen aufwarten und bot auch mehr Sitzkomfort im Fond. Dieses Modell knüpfte an den Erfolg des Kapitän-56 an, übertraf ihn sogar noch und ließ sich in 145 618 Exemplaren absetzen.

Kapitän P 2,6

Das Facelift war moderat, doch entscheidend, und Panoramascheiben wies auch der Kapitän P 2,6 des Modelljahrgangs 1960 auf, der im August 1959 das P 2,5-Modell ablöste. Man findet für ihn im Kraftfahrzeugbrief die Bezeichnung PLV, wobei die beiden Buchstaben nichts anderes bedeuten als Limousine viertürig und werksintern auch bei allen anderen Kapitänen verwendet wurde.

Erstaunlich, in welch kurzem Zeitraum ein ganz neuer Wagen zur Stelle war, der wieder einmal Europa-Maßstäbe setzte. Den bewährten Sechszylindermotor (wenn auch noch immer mit einer elektrischen 6-Volt-Anlage) hatte auch der P 2,6, doch durch eine größere Bohrung und eine neue Kurbelwelle war der Hubraum von 2473 auf 2585 cm^3 gewachsen. Bei 4100 U/min leistete das Aggregat nunmehr 90 PS, was sich in einer Beschleunigung von nur 16 Sekunden von null auf 100 km/h auswirkte – das

schuf Überholprestige, begründete den Einbau einer serienmäßigen Intervall-Lichthupe und veränderte auch das Image der Marke. Den »Opelfahrer mit Hut« gab es nicht mehr.

Praktisch war der nach wie vor lieferbare Overdrive zum Dreigang-Handschaltgetriebe, das im November 1960 eine amerikanische Hydramatic-Getriebeautomatik ablöste; sie kostete 1295 DM. Und in der letzten Serie, ab Juli 1962, war endlich auch eine Servolenkung zu bekommen.

Die *Motor-Rundschau* wusste im August 1959 zu vermelden: »Sicher ist, dass Admiral und Kadett nicht wiederkommen werden …« und lag mit dieser Prophezeiung völlig falsch. Zumindest der Kadett war längst in der Vorbereitung, doch erst einmal erschien der Opel P 1200 mit 1196-cm³-Motor und bereitete den Kadett-Markt vor.

Treffsicherer war Joachim Fischers Aussage, der Kapitän sei und bleibe ein Wagen der großen (positiven) Überraschungen, und dazu gehörte der Preis von 9975 DM, während ein vergleichbarer Mercedes-Benz

Kleine Feierstunde in Rüsselsheim am 2. November 1959. Seit dem Erscheinen des ersten Kapitäns im Dezember 1938 hatte Opel von dieser Baureihe 300 000 Fahrzeuge produziert.

Vertrauen in die Hydraulik muss man haben, wenn man zwei Autos und nur einen Stellplatz besitzt.

12 500 DM kostete. Für die Differenz bekam man 1959 einen Messerschmitt Kabinenroller. Die L-Ausführung für 700 DM Aufpreis umfasste hintere Ausstellfenster, rote Warnleuchten in den Türen, die beim Öffnen angingen, mehrere Ablagenetze, Liegesitzbeschläge sowie einen beim Öffnen beleuchteten Motorraum und Handschuhkasten.

Mit Jahresende 1963 lief die Fertigung des P 2,6 aus, und mit 145 618 Fahrzeugen durfte er sich als der bisher erfolgreichste Opel-Sechszylinder bezeichnen lassen. Seine Konkurrenten aus Stuttgart, Bremen (bis 1961) und München waren weit davon entfernt. Sie hatten es nicht leicht, dem ausgereiften, qualitätvollen und obendrein preisgünstigen Hessen-Express den Schneid abzukaufen.

OPEL
HB-PK 474

Groß, schwer, stark und schnell

Unter den Klassikern der 1950er-Jahre nehmen die Fahrzeuge der Oberklasse aus deutscher Produktion eine Sonderstellung ein. Sie vermitteln uns ein Stück Wirtschaftsgeschichte, an deren anderem Pol der damals im Straßenbild so selbstverständliche Kleinstwagen steht. Doch im Unterschied zu jenem war der Luxuswagen »Made in Western Germany« ein bedeutender, devisenbringender Exportfaktor, und an ihn stellte man höchste Erwartungen – wie schon vor 1940. Mittelklasseautos waren Gebrauchsgegenstände, ganz ohne Zweifel nicht weniger wichtig, doch die höchste Wertschätzung genoss im Ausland nun einmal das große, schwere, starke, schnelle und gediegen ausgestattete Prestige-Automobil …

Halwart Schrader

Als Motorjournalist und Automobil-Schriftsteller veröffentlichte Halwart Schrader, Jahrgang 1935, zahlreiche Werke zur Kraftfahrzeuggeschichte, gab zeitweilig Deutschlands erste Oldtimer-Zeitschrift heraus und wird heute von vielen Verlagen im In- und Ausland als Autor, Übersetzer und Berater geschätzt.

Peter Kurze

Der Bremer wurde 1955 geboren. Er studierte Maschinenbau und Betriebswirtschaft. Als Autor und Verleger veröffentlichte er zahlreiche Werke zur Automobilgeschichte. Sein umfangreiches Fotoarchiv widmet sich vor allem den Fahrzeugen der Nachkriegsjahrzehnte.

Bildnachweis

(M = Mitte, l = links, r = rechts, o = oben, u = unten)

Audi AG: 10
Bayerische Motoren Werke AG: 14, 15, 16 l, 18
Carl F. W. Borgward GmbH: 22, 24, 27 u, 30, 33, 38, 40
Paul Bolzenhardt: 17, 20 o, 46, 48 ol, 48 r, 48 u, 52, 54, 55 o, 61 u, 63, 81, 83, 84, 87, 90, 91 u, 94, 95, 96, 97, 99, 102, 110
Ivo Bulanda: 74, 75
Daimler AG: 5, 6, 42, 43, 44, 45, 49, 51, 53, 55 u, 56, 57, 58, 59, 60, 61 o, 62, 64, 65, 66, 67, 68, 69, 72, 73, 76, 77, 78, 79, 80, 82, 85, 86 r, 88, 89, 91 o
Jan Wieslaw Fusaro: 19, 20 u, 21, 47, 50, 98,
Brigitte Haase: 16 u
Hansa-Lloyd AG: 6, 7
Eva Janssen-Weinberg: 70, 71
Peter Kurze: 11, 12, 16 M, 35, 85 o, 85 Mo, 100 o, 104 o, 109, 111 r
Adam Opel AG: 9, 92, 93, 100 u, 101, 103, 104 u, 105, 106, 107
Walter Richleske: 23, 25, 26, 24, 28, 29, 31, 32, 34, 36, 39, 41
Herbert Schrader: 16 o
Vereinigte Flugtechnische Werke GmbH: 108
Julia Voigt: 111 l

Es konnten nicht alle Bildrechte geklärt werden. Urheberrechtsinhaber bitte beim Herausgeber melden.

Legendäre Autos – pure Nostalgie

»Bewegte Zeiten« – diese Buchreihe widmet sich den Fahrzeugen, mit denen sich das Land in den Wirtschaftswunderjahren und danach unaufhaltsam motorisierte, und dem Charme dieser Epoche voller Aufbruchstimmung.

ISBN 978-3-7688-1646-5

ISBN 978-3-7688-1924-4

ISBN 978-3-7688-3596-1

ISBN 978-3-7688-1551-2

ISBN 978-3-7688-1724-0

ISBN 978-3-7688-1725-7

ISBN 978-3-7688-1810-0

ISBN 978-3-7688-2470-5

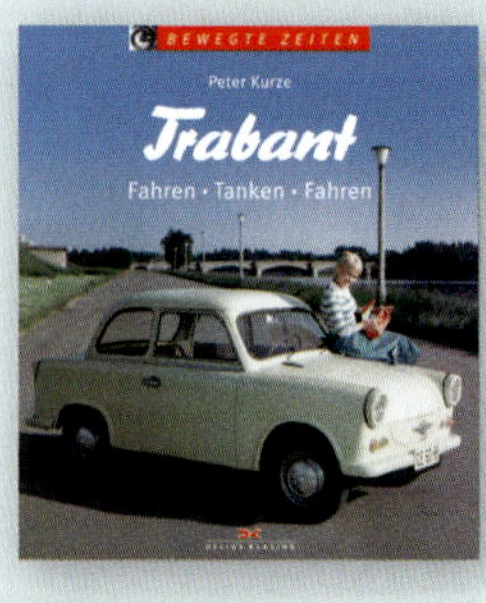

ISBN 978-3-7688-1476-8

ISBN 978-3-7688-1477-5

ISBN 978-3-7688-2455-2

ISBN 978-3-7688-2511-5

ISBN 978-3-7688-3227-4

ISBN 978-3-7688-3151-2

ISBN 978-3-7688-2601-3

ISBN 978-3-7688-2653-2

Erhältlich im Buch- und Fachhandel oder unter www.delius-klasing.de

DELIUS KLASING